高职高专"十二五"规划教材

计算机应用基础实验

主　编　于立洋　秦　婉

副主编　芦静蓉　张丽敏

参　编　王　蓉　孟蕾青　杨丽娟

　　　　张春玲

主　审　刘慧明

机械工业出版社

本书是《计算机应用基础》(书号:35050)的配套实验指导书,以 Windows XP + Office 2003 作为基本教学平台。书中的上机实验内容围绕《计算机应用基础》和上机实验要求组织编写,具有内容新颖、面向应用、着重培养操作能力和提高综合应用能力等特点。本书安排的实验内容涵盖了操作系统基础、Word 2003 文字处理、Excel 2003 电子表格处理、文稿演示软件 PowerPoint 2003、计算机网络基础、信息安全和职业道德各个方面。本书内容与配套教材同步,既可以帮助学生进行上机实验,也可以作为计算机培训班的培训教材,是初学者的得力帮手。

图书在版编目(CIP)数据

计算机应用基础实验/于立洋,秦婉主编. —北京:
机械工业出版社,2011.8
高职高专"十二五"规划教材
ISBN 978-7-111-35143-6

Ⅰ.①计… Ⅱ.①于…②秦… Ⅲ.①电子计算
机—高等职业教育—教学参考资料 Ⅳ.①TP3

中国版本图书馆 CIP 数据核字(2011)第 138891 号

机械工业出版社(北京市百万庄大街22号 邮政编码100037)
策划编辑:李大国 责任编辑:李大国
责任校对:姜 婷 封面设计:王伟光
责任印制:李 妍
北京诚信伟业印刷有限公司印刷
2011 年 8 月第 1 版第 1 次印刷
169mm×239mm·8.25 印张·159 千字
0001—3000 册
标准书号:ISBN 978-7-111-35143-6
定价:15.00 元

前　言

"计算机应用基础"是一门实践性很强的课程，要求学生不仅要掌握计算机的基础知识与理论，而且要在计算机的操作上达到一定的熟练程度，能够运用计算机解决日常工作中的问题，尤其是办公事务的处理。

本书是与秦婉等主编的《计算机应用基础》(书号:35050)配套使用的实验指导书，在结构上与《计算机应用基础》的章节顺序保持一致。内容包括操作系统基础、Word 2003 文字处理、Excel 2003 电子表格处理、文稿演示软件 PowerPoint 2003、计算机网络基础、信息安全和职业道德。每章由多个实验组成，包括学习要点、实验指导、上机操作题等。

本书由多年讲授计算机基础课的一线教师编写，目的在于指导学生系统地、有步骤地尽快掌握上机操作技巧，提高计算机应用能力。

本书由立洋、秦婉任主编，芦静蓉、张丽敏任副主编。参加编写的老师还有王蓉、孟蕾青、杨丽娟、张春玲。青岛科技大学刘慧明教授认真审阅了全稿，并提出了宝贵意见。

本书的出版得到各参编学校领导和有关部门的大力支持与协助，在编写过程中借鉴、引用了许多同类教材中的资料、图表或题例，谨此对上述个人和单位表示衷心感谢。

限于作者的水平，书中难免存在疏漏、缺点和不妥之处，敬请广大读者批评指正。

编　者

目　　录

前言

第一章　操作系统基础 ……………… 1

第一单元　学习要点 …………… 1

第二单元　实验指导 …………… 1

实验一　Windows XP 基本
操作知识 ………… 1

实验二　文件和文件夹操作 ……… 4

实验三　Windows XP 应用程序 … 10

实验四　控制面板操作 ………… 12

第三单元　上机操作题 ………… 16

第二章　Word 2003 文字处理 …… 18

第一单元　学习要点 …………… 18

第二单元　实验指导 …………… 18

实验一　文档的基本操作 ……… 18

实验二　文档的排版 ………… 25

实验三　插入图形和对象 ……… 34

实验四　制作表格 …………… 40

实验五　页面排版 …………… 47

第三单元　上机操作题………… 49

第三章　Excel 2003
电子表格处理 ……… 53

第一单元　学习要点 …………… 53

第二单元　实验指导 …………… 53

实验一　建立与编辑工作表 …… 53

实验二　格式化工作表 ………… 60

实验三　建立与编辑图表 ……… 63

实验四　数据管理和分析功能 … 66

实验五　文档编排和打印 ……… 70

第三单元　上机操作题………… 73

第四章　文稿演示软件
PowerPoint 2003 ……… 78

第一单元　学习要点………… 78

第二单元　实验指导 ………… 78

实验一　演示文稿的创建和
编辑 ………… 78

实验二　幻灯片的格式化 ……… 82

实验三　图形、图像、
图表等的插入 ……… 85

实验四　动画设置和放映技术 … 91

第三单元　上机操作题 ……… 96

第五章　计算机网络基础………… 98

第一单元　学习要点 ………… 98

第二单元　实验指导 ………… 98

实验一　Internet Explorer 的
基本操作与设置 …… 98

实验二　使用搜索引擎
查找信息 …………… 99

实验三　电子邮件基本操作 …… 105

第三单元　上机操作题 ……… 113

第六章　信息安全和职业道德 … 114

第一单元　学习要点 ………… 114

第二单元　实验指导 ………… 114

实验一　瑞星杀毒软件的
安装和使用 ………… 114

实验二　瑞星防火墙的
安装和使用 ………… 122

参考文献 …………… 128

第一章　操作系统基础

第一单元　学习要点

掌握 Windows XP 的启动和关机方法；熟悉 Windows XP 的基本操作，如桌面、窗口、对话框、任务栏、菜单、快捷方式和剪贴板的使用；掌握 Windows XP 的资源管理、文件管理和程序管理，如文件夹的概念、文件与文件夹管理、磁盘管理、启动与退出程序、"回收站"的使用等；掌握控制面板的使用，如桌面设置、添加/删除程序、打印机设置、输入法设置、日期/时间等设置。

掌握文件的基本操作，如新建、打开、保存、复制、移动和删除文件等。掌握控制面板中的声音、添加新硬件等设置；了解系统工具，如磁盘清理程序、磁盘扫描程序、磁盘碎片整理程序；掌握附件中画图、记事本的使用；了解控制面板中的鼠标和键盘、区域设置等；了解写字板、多媒体的简单使用。

第二单元　实验指导

实验一　Windows XP 基本操作知识

【实验目的】

1. 掌握 Windows XP 正确的启动和关机方法。
2. 掌握鼠标的基本操作。
3. 了解 Windows XP 桌面的构成和简单调整。
4. 掌握窗口的基本操作。
5. 观察计算机主要硬件的基本信息。

【相关知识】

1. 中文输入法

(1) 各输入法之间切换组合键(Ctrl + Shift)。

(2) 中英文切换组合键(Ctrl + Space)。

(3) 中文输入法状态条(中英文、全角半角、中英文标点、软键盘)。

(4) 通过软键盘输入特殊符号。

(5) 中文输入。

2. Windows XP 操作

（1）启动、关闭、重新启动。

（2）认识桌面、任务栏、开始菜单、快速启动栏、系统栏。

（3）任务栏属性设置。

（4）时钟设置。

（5）任务栏（位置移动、大小改变）。

3. 窗口操作

（1）窗口组成（标题栏、菜单栏、工具栏、状态栏、边框、滚动条）。

（2）窗口的移动。

（3）窗口最大化、最小化、关闭。

（4）改变窗口大小。

（5）窗口（或程序）的切换组合键（Alt + Tab）。

4. 对话框

（1）认识选项卡标签、文本框、数值框、列表框、下拉列表框、单选按钮、复选框、命令按钮。

（2）示例：打开显示属性对话框，桌面空白处单击鼠标右键→属性。

【实验内容及步骤】

1. 鼠标的基本操作

鼠标的基本操作主要有：指向、单击、右击、双击和拖动等。

（1）首先移动鼠标，观察鼠标指针的变化，并通过多次练习，可以灵活移动鼠标，准确定位。

（2）将鼠标移动到"我的电脑"，然后右击，观察出现的快捷菜单。

（3）单击"我的电脑"，观察有何变化。

（4）双击"我的电脑"，观察打开的窗口。

2. 了解桌面的基本构成

正常启动 Windows XP 后，仔细观察桌面上有哪些图标，任务栏在什么位置，任务栏上有哪些组件等。

3. 桌面的简单调整

（1）将鼠标移动到"我的电脑"，然后拖动，即可将"我的电脑"图标拖到桌面的任意位置。用户可以根据自己的意愿，调整桌面上的其他图标。

（2）将鼠标移动到任务栏的上沿，然后拖动，可以改变任务栏的高度。

（3）将鼠标移动到任务栏的空白处，然后向屏幕其他边拖动，可以将任务栏移动到屏幕的任意一个边上。

4. 掌握窗口的基本组成和基本操作

（1）双击"我的电脑"，将打开"我的电脑"窗口，这个窗口是 Windows

XP 的典型窗口，仔细观察窗口的组成。

（2）将鼠标移动到窗口四个边框的任意边，然后拖动鼠标，可以改变窗口的高度或宽度。多做几次练习，既可以熟练掌握鼠标的定位，也可以根据需要将打开的窗口调整到适当大小。

（3）将鼠标移动到窗口四个边角的任意一个角，然后拖动鼠标，可以同时改变窗口的高度和宽度。

（4）将鼠标移动到标题栏，按住左键然后拖动，可以移动窗口在桌面上的位置。

5. 了解实验所用计算机的硬件信息

（1）单击按钮 开始 ，观察"开始"菜单的基本组成和操作特点。

（2）单击"开始"按钮，选择"设置"，然后单击"控制面板"命令，将打开控制面板窗口，双击其中的"系统"图标，打开"系统属性"对话框，如图 1-1 所示；单击"硬件"选项卡中的"设备管理器"按钮，打开"设备管理器"对话框，如图 1-2 所示。

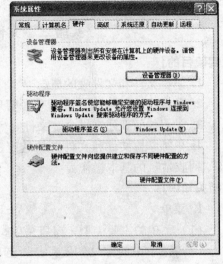

图 1-1 "系统属性"对话框

通过此对话框，可以全面地了解用户所使用的计算机的硬件信息，以及此硬

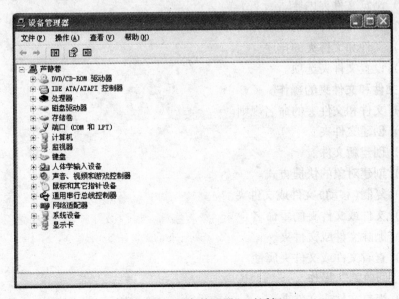

图 1-2 "设备管理器"对话框

件所安装的驱动程序的相关信息。注意，当用户对计算机硬件设备不是完全了解时，只做观察，不要改动其设置。

实验二　文件和文件夹操作

【实验目的】

1. 掌握文件和文件夹的概念。

2. 掌握"我的电脑"和"资源管理器"的基本操作。

3. 学习如何新建文件夹、文件。

4. 熟练掌握文件和文件夹的选定、复制、移动、重命名、删除等操作，以及"回收站"的基本操作。

【相关知识】

1. 菜单

（1）菜单的主要类型：窗口菜单、右键弹出式快捷菜单、系统菜单。

（2）菜单中的常见约定：是否选项变灰；带"…"；组合键；下一级子菜单；分组线；带"√"；带"●"；变化的菜单等。

2. 资源管理器的使用

（1）选定驱动器、文件和文件夹的方法：

1）选定单个：直接单击进行选择。

2）连续的多个："Shift"键与鼠标配合使用。

3）不连续的多个："Ctrl"键与鼠标配合使用。

（2）浏览文件夹内容。

（3）文件和文件夹的显示方式。

（4）文件和文件夹的排序。

（5）设置文件夹选项。

3. 文件和文件夹的操作

（1）文件和文件夹的命名规则。

（2）创建文件夹。

（3）创建新文件。

（4）创建对象的快捷方式。

（5）复制（移动）文件或文件夹。

（6）文件或文件夹的重命名。

（7）删除文件或文件夹。

（8）查看文件或文件夹属性。

4. "回收站"操作

（1）恢复文件或文件夹。

（2）清空"回收站"。

【实验内容及步骤】

1. 通过"我的电脑"观察文件和文件夹

双击桌面上"我的电脑"图标，打开"我的电脑"，此时，可以看到计算机上所有可以使用的磁盘和光盘。双击 C 盘图标，将打开 C 盘。所看到的存储区域称为该盘的根目录，观察根目录下哪些是文件，哪些是文件夹。

单击窗口菜单中的"查看"命令，然后：

（1）选择"大图标"，观察显示形式有何变化。

（2）选择"小图标"，观察显示形式有何变化。

（3）选择"列表"，观察显示形式有何变化。

（4）选择"详细资料"，观察显示形式有何变化。

（5）选择"缩略图"，观察显示形式有何变化。

2. 了解"资源管理器"的基本操作

打开"资源管理器"可采用下列方法之一：

（1）右击"开始"按钮，在弹出的快捷菜单中选择"资源管理器"选项。

（2）右击"我的电脑"或"回收站"，同样可以出现一个快捷菜单，选择其中的"资源管理器"选项。

（3）单击"开始"按钮，选择"程序"，然后指向"附件"中的"Windows 资源管理器"选项。

分别练习如何打开"资源管理器"，仔细观察资源管理器窗口的组成。

资源管理器的左窗口为一个树形控件视图窗口。树形控件有一个根，根下包括节点(也称项目)，每个节点又可以包括下级子节点，这样形成一层层的树状组织管理形式。当某个节点下包含下级子节点时，该节点的前面将带有一个加号，单击该节点前面的加号或双击该节点，此节点即被展开。节点展开后，其前面的加号就会变为减号，此时，如果单击此减号，就可以将节点收缩。单击某个节点的名称或图标，就可以打开此节点。应当注意，某一时刻只会有一个节点处于打开状态，节点处于打开状态时，其名称将会变为蓝色，且有些节点的图标也会发生改变。

分别练习节点的展开、收缩。

练习打开资源管理器，注意观察右窗口显示的内容。观察与直接打开桌面上"我的电脑"有什么区别和联系。

单击窗口菜单中的"查看"菜单，分别观察选择"大图标"、"小图标"、"列表"、"详细资料"和"缩略图"后，右窗口的显示形式。

3. 新建文件夹、文件

可以使用"我的电脑"新建文件夹，也可以使用资源管理器来新建文件和文件夹的操作。

（1）使用"我的电脑"在 D 盘的根目录下新建一个文件夹。方法如下：

打开 D 盘，在空白处右击，在弹出的快捷菜单中选择"新建"→"文件夹"命令，如图 1-3 所示。

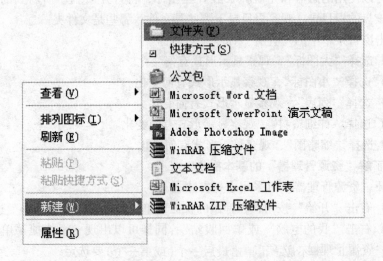

图 1-3　新建文件夹

在 D 盘根目录的空白处将出现文件夹的图标 新建文件夹，用键盘输入新文件夹的名字如"文件和文件夹的操作"，按 Enter 键后这个新文件夹即可创建完毕 文件和文件夹的操作。

（2）打开刚创建的文件夹"文件和文件夹的操作"，选择"文件"→"新建"→"文件夹"命令，会出现文件夹图标，文件夹名是蓝底白字选中状态，直接输入新的文件名"基本操作"，按 Enter 键即可。

（3）打开资源管理器，在左侧逐级展开各个节点，直到"文件和文件夹的操作"文件夹。单击该文件夹，将其打开，右侧窗格会显示其下所有文件和文件夹。在右窗格的任意空白处右击，过程与使用"我的电脑"创建文件夹一样，创建一个文件夹"练习"。

（4）新建文件与新建文件夹过程相同。首先在空白处右击，然后选择"新建"命令，再选择要新建的文件即可，如图 1-4 所示。

请练习新建一个"文本文件"和一个"位图图像"。

注意，这些新建的文件，只是定义了文件名，文件中的内容还需要调用相应的应用程序来编辑产生。

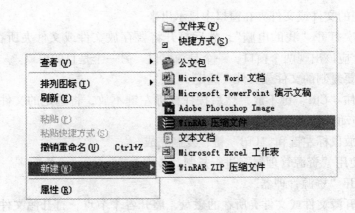

图 1-4　新建一个压缩文件

4. 文件或文件夹的选定

（1）选定单个文件或文件夹。单击要选择的文件或文件夹，此时，该文件或文件夹会变为蓝色，表示该文件或文件夹被选定。

（2）选定连续多个文件或文件夹。如果要选择的文件或文件夹在窗口中的位置是连续的，则可以在第一个（或最后一个）要选定的文件或文件夹上单击，然后按住"Shift"键不放，再单击最后一个（或第一个）要选定的文件或文件夹。此时，从第一个到最后一个所有文件或文件夹都被选定。

（3）选定多个不连续的文件或文件夹。按住"Ctrl"键不放，依次在每个要选定的文件或文件夹上单击，被单击的文件或文件夹都变为蓝色，表示被选定。应该注意，如果在按住"Ctrl"键不放的同时单击已被选定的文件或文件夹，则此文件或文件夹将恢复正常，即被取消选定。

（4）全部选定。如果要选定某个文件夹中的所有文件或文件夹，也可以单击"编辑"→"全部选择"菜单命令，或者按"Ctrl + A"组合键，此时，该文件夹下的所有文件或文件夹都将被选中。

（5）取消选定。如果只取消一个被选定的文件或文件夹，可以按住"Ctrl"键不放，然后单击要取消的文件或文件夹；如果要取消所有被选定的文件或文件夹，可以在用户区的任意空白处单击，此时，被选定的文件或文件夹的颜色都由蓝色恢复正常，表示已取消选定。

请多次练习，熟练掌握各种不同的选定方法。

5. 文件或文件夹的复制

文件或文件夹的复制，利用"我的电脑"、"资源管理器"或剪贴板都可以实现。

（1）使用"我的电脑"复制文件或文件夹，步骤为

1）打开"我的电脑"，然后打开将要被复制的文件或文件夹所在的窗口，

使要被复制的文件或文件夹在窗口中显示出来。

2）再次打开"我的电脑"，然后打开将要存放文件或文件夹所在的窗口，此时桌面上应该出现两个窗口，一个是源窗口，另一个是目的窗口。

3）将要复制的文件或文件夹选定。

4）按住"Ctrl"键不放，然后按住鼠标左键不放，将选定的文件或文件夹从源窗口拖动到目的窗口。

5）释放鼠标左键和"Ctrl"键，复制完成。

（2）使用"资源管理器"进行复制。步骤为

1）打开"资源管理器"。

2）打开源文件或文件夹所在的磁盘，展开各个节点，打开源文件或文件夹所在的文件夹，使其在右窗格中显示出来。

3）展开左侧目的磁盘的各个节点，使要存放源文件和文件夹的文件夹在左窗格显示出来。

4）选定要被复制的文件或文件夹。

5）按住"Ctrl"键不放，然后按住鼠标左键不放，将选定的源文件或文件夹从右窗格拖动到左窗格的目的节点。

6）释放鼠标左键和"Ctrl"键，复制完成。

（3）利用剪贴板进行复制。步骤为

1）打开"我的电脑"或"资源管理器"，将要被复制的源文件和文件夹显示出来，然后选定要复制的文件或文件夹，单击"编辑"菜单（或右击，将出现快捷菜单），选择"复制"命令，则可以将选定的源文件或文件夹复制到剪贴板，如图1-5所示。

2）打开要存放源文件或文件夹的目的窗口，单击"编辑"菜单（或右击，将出现快捷菜单），选择"粘贴"命令，则可以将剪贴板中的内容复制到当前位置。

6. 文件或文件夹的移动

与文件或文件夹的复制一样，利用"我的电脑"、"资源管理器"或剪贴板都可以实现文件或文件夹的移动。

（1）使用"我的电脑"移动文件或文件夹。步骤为

1）打开"我的电脑"，然后打开将要被移动的文件或文件夹所在的窗口，使要被移动的文件或文件夹在窗口中显示出来。

2）再次打开"我的电脑"，然后打开将要存放

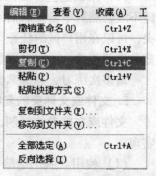

图1-5　利用剪贴板复制

文件或文件夹所在的窗口，此时桌面上应该出现两个窗口，一个是源窗口，另一个是目的窗口。

3）将要移动的文件或文件夹选定。

4）按住"Shift"键不放，然后按住鼠标左键不放，将选定的文件或文件夹从源窗口拖动到目的窗口。

5）释放鼠标左键和"Shift"键，移动完成。

（2）使用"资源管理器"进行移动。步骤为

1）打开"资源管理器"。

2）打开源文件或文件夹所在的磁盘，展开各个节点，打开源文件或文件夹所在的文件夹，使其在右窗格中显示出来。

3）展开左侧目的磁盘的各个节点，使要存放源文件和文件夹的文件夹在左窗格显示出来。

4）选定要被移动的文件或文件夹。

5）按住鼠标左键不放，将选定的源文件或文件夹从右窗格拖动到左窗格的目的节点。

6）释放鼠标左键，移动完成。

（3）利用剪贴板进行移动。步骤为

1）打开"我的电脑"或"资源管理器"，将要被移动的源文件和文件夹显示出来，然后选定要移动的文件或文件夹，单击"编辑"菜单（或右击，将出现快捷菜单），选择"剪切"命令，则可以将选定的源文件或文件夹移动到剪贴板，如图1-6所示。

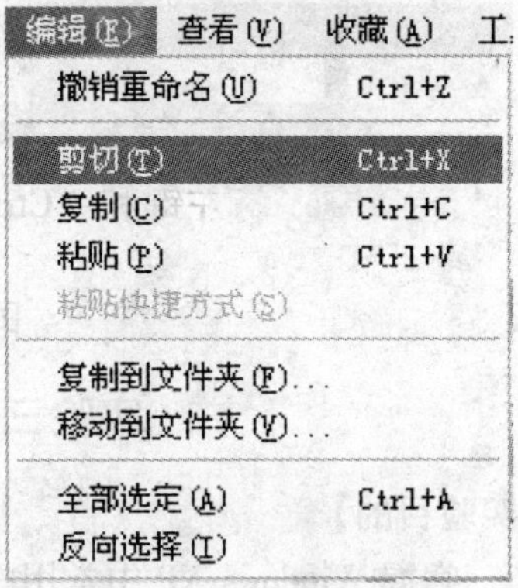

2）打开要存放源文件或文件夹的目的窗口，单击"编辑"菜单（或右击，将出现快捷菜单），选择"粘贴"命令，则可以将剪贴板中的内容复制到当前位置。

图1-6　利用剪贴板移动

7. 删除文件或文件夹

打开"我的电脑"或"资源管理器"，将要被删除的文件或文件夹显示出来，然后选定要删除的文件或文件夹，单击"编辑"菜单（或右击，将出现一个快捷菜单），选择"删除"命令，此时将出现一个"确认文件夹删除"对话框，单击"是"按钮，即可将选定的文件或文件夹移动到回收站，如图1-7所示。

8. 回收站的基本操作

当存放在磁盘中的文件不再需要时，可以将其删除，以便释放磁盘空间。但是，为了安全起见，Windows建立了一个特殊的文件夹，命名为"回收站"。一般地，都是先将要删除的文件或文件夹移动到回收站，一旦发现操作有误，需要

图 1-7　删除文件或文件夹

恢复被删除了的文件或文件夹，只要打开回收站，将其还原即可，如图 1-8 所示。回收站的基本操作有"还原"、"删除"和"清空回收站"等。请自行练习。

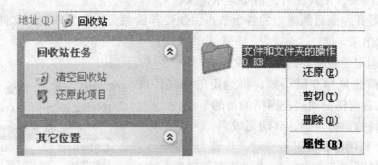

图 1-8　回收站的基本操作

实验三　Windows XP 应用程序

【实验目的】

　　掌握 Windows XP 中常用的应用程序，如记事本、画图、计算器等的基本使用方法。

【相关知识】

　　本节主要介绍 Windows XP 操作系统自带的几个实用程序，通过对这几个实用程序的学习可以使学生学会一些简单的文字处理、图像处理以及学习如何使用 Windows XP 的多媒体功能。在本节中，要求学生掌握的几个实用程序如下：

　　（1）记事本。

　　（2）画图。

　　（3）计算器。

　　（4）Windows 多媒体程序。

【实验内容及步骤】

　　"计算器"、"记事本"和"画图"实用程序都在"附件"中，打开方法都相同：单击"开始"按钮，选择"程序"→"附件"选项，在"附件"中，可以分别选择"计算器"、"记事本"或"画图"选项。

1. 计算器的使用方法

打开计算器,"标准型"计算器同普通的计算器一样可以进行简单的四则运算,如图1-9所示。

单击"查看"菜单,选择"科学型"命令,将出现一个功能相对齐全的"科学型"计算器,如图1-10所示。

2. 记事本的基本操作

记事本是一个文本文件编辑器,用户可以使用它编辑简单的文档。记事本的使用非常简单,它编辑的文件是文本文件,这给编辑一些高级语言的源程序提供了极大方便。

在新建一个文件或打开一个已经存在的文本文件后,在记事本的用户编辑区就可以输入文件的内容,或编辑已经输入的

图1-9 "标准型"计算器

图1-10 "科学型"计算器

内容。在操作过程中,可以使用鼠标对光标定位,也可以用键盘来完成光标的定位。

为了提高工作效率,可以对文件中相似的内容进行剪切、复制和粘贴操作,或者把其他应用程序的文本等内容粘贴到记事本文件中。

试用记事本输入以下文字,并以"TEST. txt"为文件名存盘,如图1-11所示。

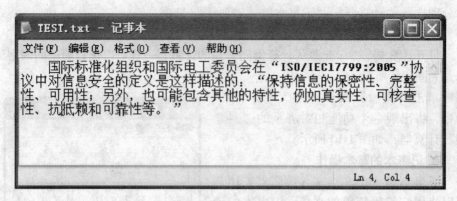

图 1-11　记事本

实验四　控制面板操作

【实验目的】

了解控制面板的常见设置，掌握其基本的设置方法。

【相关知识】

1. 启动"控制面板"的三种方法

（1）在 Windows 资源管理器左窗格中，单击"控制面板"命令。

（2）单击"开始"→"设置"→"控制面板"菜单命令。

（3）在"我的电脑"窗口中，双击"控制面板"图标。

2. 调整日期/时间

3. 设置桌面和配置显示器

【实验内容及步骤】

1. 调整日期/时间

单击"开始"→"设置"→"控制面板"菜单命令。打开如图 1-12 所示的控制面板。

双击控制面板窗口中的"日期和时间"图标，将会打开"日期和时间属性"对话框，如图 1-13 所示。也可直接双击任务栏系统区右侧的时间，打开该对话框。

对话框的左边是"日期"栏，右边是"时间"栏。根据实际需要校正当前的日期和时间。在"时区"选项卡中，在"时区"下拉列表中可以选择本地的时区。最后单击"应用"按钮进行修改。若直接单击"确定"按钮，则系统将按设置进行修改并关闭对话框。

2. 安装和删除字体

在控制面板中双击"字体"文件夹，打开"字体"窗口，如图 1-14 所示。

图 1-12 控制面板

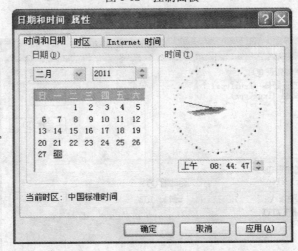

图 1-13 "日期和时间属性"对话框

（1）安装字体。选择"文件"→"安装新字体"菜单命令，出现"添加字体"对话框，如图 1-15 所示。分别选择驱动器、文件夹，在字体列表中选择新字体。单击"确定"按钮就开始安装所选的新字体。

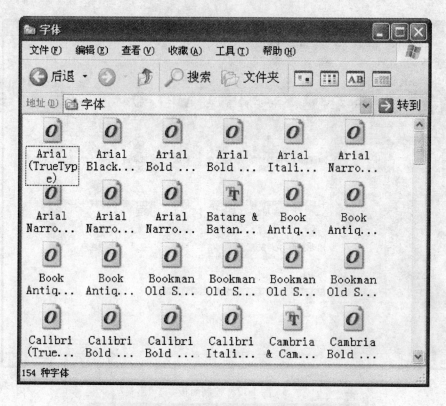

图 1-14 "字体"窗口

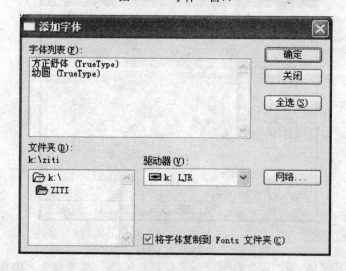

图 1-15 "添加字体"对话框

（2）删除字体。在"字体"窗口中选择想要删除的字体，按"Delete"键，或者从"文件"菜单中选择"删除"命令即可。

3. 设置桌面背景和屏幕保护程序

在"控制面板"中双击"显示"图标，打开"显示属性"对话框，如图 1-16 所示。桌面的大多数显示特性都可以通过该对话框进行设置。

图 1-16　桌面设置

（1）设置桌面。在"显示"对话框中，选择"桌面"选项卡，用户可以从"背景"列表中选择喜欢的图片作为桌面背景。

若要选择其他图片作为桌面墙纸，也可单击"浏览"按钮，选择相应路径的其他图片。单击"位置"下拉列表，可选择图片在桌面显示的位置，有居中、平铺和拉伸三种方式。也可在"颜色"下拉列表中选择某种颜色作为桌面背景。

在对话框的上部可以预览所设置的桌面背景效果。

（2）屏幕保护程序。选择"显示属性"对话框中的"屏幕保护程序"选项卡，在该选项卡中可以设置和修改屏幕保护程序，如图 1-17 所示。

在"屏幕保护程序"列表中，选择一个屏幕保护程序，并设置"等待"时间。"设置"按钮可以进一步设置屏保细节。如果要查看效果，选择"预览"按钮，预览时移动鼠标或按任意键，屏幕保护程序的动画就会立即消失。

图 1-17 屏幕保护程序

选定"在恢复时使用密码保护"复选框，可以为屏幕保护程序设置口令，以保证系统的安全。运行屏保后，系统就会自动被锁定，必须输入用户密码才可解锁。

第三单元　上机操作题

1. 正常打开计算机，按个人爱好调整桌面上图标的排列方式；设置个人喜欢的桌面背景、屏幕保护程序和外观等。

2. 文件和文件夹的操作：

（1）在 C 盘下创建一个文件夹，以自己的姓名作为文件夹名。

（2）在已创建的姓名文件夹下新建两个文本文件，分别以"第一题.txt"和"第二题.txt"为名。

（3）在姓名文件夹下再创建一个文件夹，以"ABC"为文件夹名。

（4）将"第一题.txt"重命名为"abc.txt"。

（5）将"第二题.txt"复制到"ABC"文件夹下。

（6）将"abc.txt"移动到"ABC"文件夹下。

（7）删除姓名文件夹下的文件"第二题 . txt"。

3. 用记事本打开 abc. txt，录入一段文字，练习汉字录入及文字编辑。

4. 用"画图"程序创建 bj. bmp 文件，制作一幅简单的图画，并将其设置为桌面墙纸。

5. 在 C 盘中搜索文件"NOTEPAD. EXE"，并在桌面为其新建一个快捷方式。

第二章　Word 2003 文字处理

第一单元　学习要点

掌握 Word 2003 的启动、退出；掌握 Word 2003 的窗口组成及其各组成部分的功用；熟知常用视图方式及其特点；了解拆分屏幕、显示/隐藏编辑标记的方法。

掌握文档内容的录入方法；熟练掌握文本的选定和文档的编辑；熟知查找与替换功能；了解多窗口操作。

熟知文档格式分类；熟练掌握字符格式设置和段落格式设置；掌握美化文档及排版的方法；熟知页面设置；了解打印及打印预览。

掌握创建表格和绘制表格的方法；熟知表格数据输入与表格选定；熟练掌握表格的编辑操作；掌握设置表格格式；掌握表格计算与排序。

第二单元　实验指导

实验一　文档的基本操作

【实验目的】

1. 掌握 Word 2003 的启动和退出方法。
2. 掌握文档的建立、输入、打开与保存方法。
3. 掌握文本的选定与编辑方法。
4. 掌握文本的查找、替换和校对方法。

【相关知识】

Word 2003 的窗口主要包括：标题栏、菜单栏、工具栏、标尺、文档编辑区、滚动条和状态栏。标题栏位于 Word 窗口最上方，其主要功能有两项：一是显示应用程序名称和当前正在编辑的文件名；二是调整程序窗口大小、移动窗口和关闭窗口。标题栏下方是菜单栏，其中有多个菜单项，每个菜单项都由一组菜单命令组成。菜单按功能分为九类，分别是“文件”、“编辑”、“视图”、“插入”、“格式”、“工具”、“表格”、“窗口”和“帮助”菜单。工具栏在菜单栏的下方。每个工具栏显示一类工具按钮。启动 Word 时，自动显示“常用”和

"格式"两个工具栏，用户可以根据需要显示或隐藏某个工具栏。如果想打开别的工具栏，可单击"视图"→"工具栏"中的相应工具命令，如"绘图"等工具。

在 Word 窗口，文档的显示方式称为视图方式。常用的视图方式有普通视图、页面视图、Web 版式和大纲视图。"普通视图"是 Word 中最为常用的视图方式之一，适用于普通文本的输入和编辑工作。"普通视图"能连续显示文档，按实际宽度显示文本。但是，在"普通视图"中不能显示和编辑页眉、页脚。"页面视图"具有"所见即所得"的效果，页眉、页脚、标注、脚注等都显示在实际位置上，可用于检查文档的外观，适合于文档的编辑和排版操作。在编辑和排版过程中，有些设置必须在"页面视图"下进行，如编辑页眉和页脚等。

Word 具有很强的编辑功能，可以对文档中的单个字符、整个段落或文本的某一部分进行修改、删除、复制、移动等编辑操作。在编辑文本之前首先应选定文本。

灵活地利用复制、移动和删除功能，可以减少重复输入，也便于文档内容的调整和修改。复制和移动都可以通过鼠标拖动和执行命令的方法来实现。其中执行命令是指执行"复制"或"剪切"命令，将选定的对象暂时存放到"剪贴板"中，然后利用"粘贴"命令将其粘贴到另一位置。由于"剪贴板"是系统提供的，因此，通过它不仅能实现同一文档中对象的复制和移动，还能在不同的 Windows 应用程序之间实现复制和移动。

Office 2003 新增了剪贴板多对象功能(最多 12 个)。当用户连续向剪贴板存放同一信息超过 2 次时，屏幕上将显示"剪贴板"工具栏(或在"视图"菜单中的"工具栏"命令中选择"剪贴板"选项)。剪切或复制的对象以 Word 图标的形式依次排列在"剪贴板"工具栏上。

Word 允许利用多个窗口同时打开多个文档，并可在各窗口中对某一文档进行编辑。

利用 Word 中的"查找和替换"功能，不但可以在当前文档中快速查找或替换符合条件的文档内容，而且可以快速查找或替换指定格式的文档内容和特殊字符。在"查找和替换"中可以使用通配符。

Word 提供了详尽的联机帮助资源，可解释任何功能的使用方法，想进一步了解一些高级功能，可按"F1"键或单击 Office 助手获得帮助。

在文档编辑过程中，可单击"常用"工具栏中的"显示/隐藏编辑标记"按钮，检查是否输入了多余的空格、回车符等隐藏字符及符号。

【实验内容及步骤】

1. Word 2003 的启动与退出

(1) Word 2003 的启动。可以按下列 3 种方法之一启动 Word 2003：

1）常规启动：单击"开始"→"程序"→"Microsoft Office"→"Microsoft Office Word 2003"菜单命令即可启动 Word 2003，如图 2-1 所示。

图 2-1　启动 Word 2003

2）快捷图标启动：如果用户在桌面上建立了一个 Word 2003 快捷图标，双击该图标即可。

3）从已有文件启动：用户在"我的电脑"或"Windows 资源管理器"窗口中双击要打开的 Word 文档，就会在启动 Word 2003 的同时打开该文档。

（2）熟悉 Word 应用程序窗口，如图 2-2 所示。

（3）Word 2003 的退出。可以按下列方法之一退出 Word 2003：

1）单击 Word 窗口标题栏右侧的关闭按钮 ✖。

2）单击"文件"菜单→"退出"。

3）单击标题栏左侧 Word 的图标 ，选择"关闭"。

4）按组合键"Alt + F4"。

2. 创建新文档

创建一个名为"文档 1. doc"的新文档。单击"开始"→"程序"→"Mi-

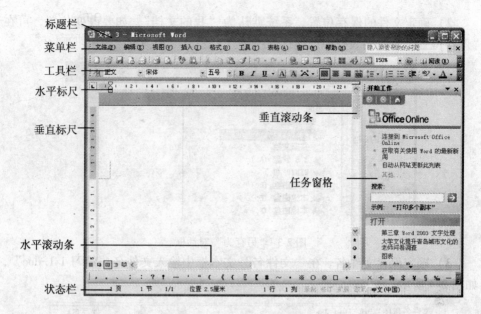

图 2-2　Word 应用程序窗口

crosoft Office"→"Microsoft Office Word 2003"菜单命令，系统将自动创建一个名为"文档 1"的新文档。

3. 输入文本内容

（1）选择中文输入法。单击任务栏上的"输入法指示器"，打开输入法菜单，选择一种输入法。

（2）输入以下方框中的文本内容（段首不输入空格）。

计算机系统由硬件系统和软件系统组成。前者是借助电、磁、光、机械等原理构成的各种物理部件的有机组合，是系统赖以工作的实体。后者是各种程序和文件，用于指挥全系统按指定的要求进行工作。

自 1946 年第一台电子计算机问世以来，计算机在元器件、硬件系统结构、软件系统应用等方面，均取得了惊人的进步。现代计算机系统小到微型计算机和个人计算机，大到巨型计算机及其网络，形态、特性多种多样，已广泛用于科学计算、事务处理和过程控制，日益深入到社会各个领域，对社会的进步产生深刻影响。

---

4. 保存新文档

保存文档的方法为：

1）单击"文件"→"保存"命令（或单击工具栏"保存"的图标 ），打开"另存为"对话框，如图 2-3 所示。

2）确定文件的保存位置，系统默认为"我的文档"，如要改变位置，可在"保存位置"下拉列表框中选择存储路径。

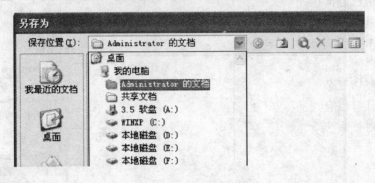

图 2-3　"另存为"对话框

3）确定保存文件名。在"文件名"文本框中输入文件名"练习 1-1. doc"，如图 2-4 所示。

图 2-4　输入文件名

4）确定保存类型。在"保存类型"下拉列表框中选择"Word 文档（ * . doc）"，如图 2-5 所示。

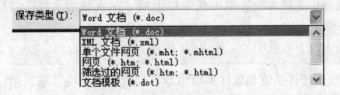

图 2-5　选择文件的保存类型

5）关闭"另存为"对话框。单击"保存"按钮（或"关闭"按钮），关闭"另存为"对话框。

6）关闭"练习 1-1. doc"文档。单击"文件"→"关闭"菜单命令。

5. 创建新文档并保存

输入以下方框中的文本内容，并以文件名"练习 1-2. doc"保存在"我的文档"文件夹中（段首不输入空格）。

电子计算机分为数字计算机和模拟计算机两类。通常所说的计算机均指数字计算机，其运算处理的数据是用离散数字表示的。而模拟计算机处理的数据是用连续模拟量表示的。模拟计算机和数字计算机相比，其速度快、与物理设备接口简单，但精度低、使用困难、稳定性和可靠性差、价格昂贵，故模拟计算机已趋淘汰，仅在要求响应速度快、精度低的场合中使用。把两者优点巧妙结合而构成的混合型计算机，尚有一定的生命力。

计算机系特点是能进行精确、快速的计算和判断，而且通用性好，使用容易，还能连成网络。主要包括：

计算：一切复杂的计算，几乎都可用计算机通过算术运算和逻辑运算来实现。

判断：计算机有判别不同情况、选择不同处理程序的能力，故可用于管理、控制、对抗、决策、推理等领域。

存储：计算机能存储巨量信息。

精确：只要字长足够，计算精度理论上不受限制。

快速：计算机一次操作所需的时间已小到以纳秒计。

易用：丰富的高性能软件及智能化的人机接口，大大方便了用户的使用。

连网：多个计算机系统能超越地理限制，借助通信网络，共享远程信息与软件资源。

具体的操作方法如下：

1）选择中文输入法。单击任务栏上的"输入法指示器"打开输入法菜单，选择一种输入法。

2）输入以上文本内容（段首不输入空格）。

3）打开"另存为"对话框。单击"文件"→"保存"命令，打开"另存为"对话框。

4）确定文件的保存位置。打开"保存位置"下拉列表框选择"我的文档"文件夹。

5）确定保存文件名。在"文件名"文本框中输入文件名"练习1-2. doc"。

6）确定保存类型。在"保存类型"下拉列表框中选择"Word 文档（＊. doc）"。

7）关闭"另存为"对话框。单击"保存"按钮（或"关闭"按钮），关闭"另存为"对话框。

6. 复制文本、输入文档标题并更名保存

将"练习1-2. doc"文档的内容复制到"练习1-1. doc"文档的内容后面（另起一个段落），并以"练习1. doc"命名保存。

具体操作方法为：

1）打开"练习1-2. doc"。单击任务栏上名为"练习1-2. doc"的任务按钮，将文档"练习1-2. doc"放在前台显示。

2）选择全部文本。鼠标指针移到文本选定区，鼠标连续单击三下，选定全文(或按组合键"Alt + A")。

3）将选定文本复制到剪贴板上。单击常用工具栏上"复制"按钮 📑（或按组合键"Ctrl + C"）。

4）打开"练习 1-1. doc"。单击任务栏上名为"练习 1-1. doc"的"任务"按钮，将文档"练习 1-1. doc"放在前台显示。

5）在文档尾部另起一个段落。插入光标定位在文档的尾部，按"Enter"键，即在文档尾部增加一个新段落。

6）将剪贴板的内容粘贴到"练习 1-1. doc"文档的尾部。插入点光标定位在文档"练习 1-1. doc"的最后一个段落，单击常用工具栏上的"粘贴"按钮 📋（或按组合键"Ctrl + V"）。

7）文档首部新增一个段落。插入光标定位在文档第一行第一个字符之前，按"Enter"键，即在文档首部增加一个新段落。

8）输入标题。插入点光标定位在新增段落处，输入文本"计算机系统"。

9）将文档"练习 1-1. doc"另存为"练习 1. doc"。单击"文件"→"另存为"菜单命令，打开"另存为"对话框，在"文件名"文本框中输入"练习1. doc"。

7. 文本的替换

将文档"练习 1. doc"第一、四段中的"计算机"替换成"电脑"。具作操作方法为：

1）选定第一、四段文本。鼠标指针移到文本选定区，选定第一、四段文本。

2）打开"查找和替换"对话框。单击"编辑"→"替换"命令，打开"查找和替换"对话框，选择"替换"选项卡。

3）输入查找内容。在"查找内容"文本框中输入"计算机"。

4）输入替换内容，关闭对话框。在"替换为"文本框中输入"电脑"，单击"替换"按钮(或"全部替换"按钮)，操作完成后关闭对话框，如图 2-6 所示。

8. 保存文档并退出程序

具体操作方法为：

1）保存文档。单击工具栏中的"保存"按钮，文件名为"练习 1. doc"；或执行工具菜单中的保存命令。

2）退出 Word 应用程序窗口。单击"文件"→"退出"命令(或单击 Word 应用程序窗口中的"关闭"按钮)。

编辑后的文档"练习 1. doc"，如图 2-7 所示。

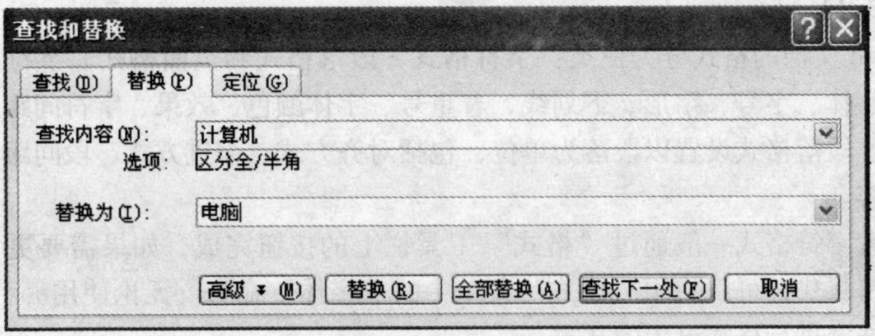

图 2-6 查找和替换

计算机系统

电脑系统由硬件系统和软件系统组成。前者是借助电、磁、光、机械等原理构成的各种物理部件的有机组合，是系统赖以工作的实体。后者是各种程序和文件，用于指挥全系统按指定的要求进行工作。

自 1946 年第一台电子计算机问世以来，计算机在元器件、硬件系统结构、软件系统应用等方面，均取得了惊人的进步。现代计算机系统小到微型计算机和个人计算机，大到巨型计算机及其网络，形态、特性多种多样，已广泛用于科学计算、事务处理和过程控制，日益深入到社会各个领域，对社会的进步产生深刻影响。

电子计算机分为数字计算机和模拟计算机两类。通常所说的计算机均指数字计算机，其运算处理的数据是用离散数字表示的。而模拟计算机处理的数据是用连续模拟量表示的。模拟计算机与数字计算机相比，其速度快、与物理设备接口简单，但精度低、使用困难、稳定性和可靠性差、价格昂贵，故模拟计算机已趋淘汰，仅在要求响应速度快、精度低的场合中使用。把两者优点巧妙结合而构成的混合型计算机，尚有一定的生命力。

电脑系统特点是能进行精确、快速的计算和判断，而且通用性好，使用容易，还能连成网络。主要包括：

计算：一切复杂的计算，几乎都可用电脑通过算术运算和逻辑运算来实现。

判断：电脑有判别不同情况、选择不同处理程序的能力，故可用于管理、控制、对抗、决策、推理等领域。

存储：电脑能存储巨量信息。

精确：只要字长足够，计算精度理论上不受限制。

快速：电脑一次操作所需的时间已小到以纳秒计。

易用：丰富的高性能软件及智能化的人机接口，大大方便了用户的使用。

连网：多个电脑系统能超越地理限制，借助通信网络，共享远程信息和软件资源。

图 2-7 编辑后的"练习 1. doc"文档

实验二 文档的排版

【实验目的】

1. 掌握字符格式排版。
2. 掌握段落格式排版。
3. 掌握项目符合和编号的设置。
4. 掌握分栏及首字下沉的设置。

【相关知识】

Word 文档的格式分为三类：字符格式、段落格式和页面格式。字符格式主要包括字体、字号、字形、下划线、着重号、字体颜色、效果、字符间距和文字效果等。段落格式设置以段落为单位，包括对齐方式、缩进方式、段间距、行间距等内容。

设置字符格式一般通过"格式"工具栏上的按钮完成，如果需要更详细地设置字符格式，可以使用"格式"菜单中的"字体"命令。无论使用哪种方法，首先要选定进行格式设置的文本。

段落格式设置以段落为单位。段落标记还保留着有关该段的所有格式设置信息。设置段落格式一般使用"格式"菜单中的"段落"命令，有些常用的设置也可以用"格式"工具栏上的按钮完成。

美化文档及排版主要包括设置首字下沉、添加项目符号和编号、添加文本边框和底纹、添加页面边框、分页、分栏、添加页眉与页脚等。

【实验内容及操作】

打开文档"练习 1.doc"，单击常用工具栏上的"打开"按钮 ，打开"打开"对话框，按照要求进行文档排版，结果保存在"练习 2.doc"中。

1. 全文排版

（1）首行：缩进 2 个字符；段落：段前间距为 0.5 行；行间距为单倍行间距。

具体的操作方法为：

1）选定全文。鼠标移到文本选定区，单击鼠标三下（或按组合键"Ctrl + A"）。

2）单击"格式"→"段落"菜单命令，打开"缩进和间距"选项卡。

3）在缩进命令中的"特殊格式"下拉列表框中选择"首行缩进"，在"度量值"下拉列表框中选择"2 字符"，在间距命令中的"段前"下拉列表框中选择"0.5 行"，

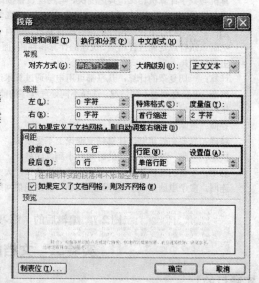

图 2-8　段落的缩进和间距

"行距"下拉列表框中选择"单倍行距"，如图 2-8 所示。

（2）全文中的"电脑"字体为楷体、倾斜、加粗。

具体操作方法为：

1）选定"电脑"二字。

2）单击"格式"→"字体"菜单命令，选择"字体"选项卡。在"中文字体"下拉列表框选择"楷体-GB2312"，在"字形"下拉列表框选择"加粗倾斜"，如图2-9所示。

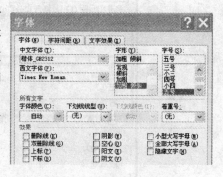

3）选定已格式化的"电脑"，双击常用工具栏中的"格式刷"按钮。

4）用格式刷在文档中其他的"电脑"文字中拖曳。

图2-9　字体格式的设置

2. 标题格式化

（1）字体：加粗、三号、黑体。

具体操作方法为：

1）选定标题文字"计算机系统"。

2）单击"格式"→"字体"菜单命令，选择"字体"选项卡。在"中文字体"下拉列表框选择"黑体"，在"字形"下拉列表框选择"加粗"，在"字号"下拉列表框选择"三号"。

（2）段落：居中、添加3磅阴影边框以及10%的底纹，左、右各缩进两个字符。

具体操作方法为：

1）选定标题段落（可将插入点定位在标题栏的任意处）。

2）单击"格式"→"段落"菜单命令，选择"缩进和间距"选项卡。

3）在常规命令"对齐方式"下拉列表框中选择"居中"，在缩进命令"左、右"下拉列表框分别选择"2字符"，如图2-10所示。

4）单击"格式"→"边框和底纹"命令，选择"边框"选项卡。

5）选择"设置"命令中的"方框"，"宽度"下拉列表框选择"3磅"，如图2-11所示。

6）单击"格式"→"边框和底纹"命令，选择"底纹"选项卡。

7）在图案命令中"样式"下拉列表框选择10%，如图2-12所示。

8）标题格式化后的效果为 **计算机系统** 。

3. 第一段正文排版

（1）段落：左、右各缩进3个字符。

具体操作方法为：

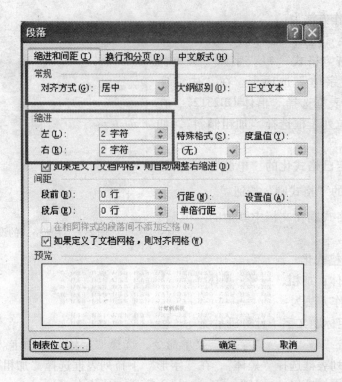

图 2-10　段落的缩进和间距

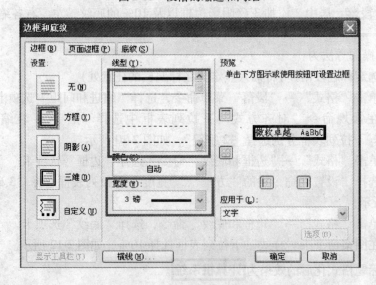

图 2-11　边框和底纹的设置

1）选定第一段正文（也可将插入点定位在第一段正文的任意处）。

2）单击"格式"→"段落"命令，选择"缩进和间距"选项卡。

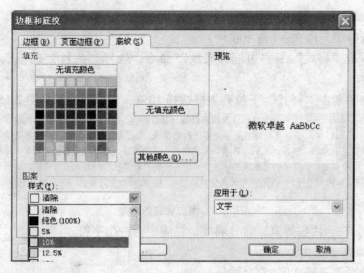

图 2-12　底纹的设置

3）在缩进命令"左、右"下拉列表框分别选择"3 字符"。

（2）字符：仿宋、五号。

具体操作方法为：

1）选定第一段正文。

2）单击"格式"→"字体"菜单命令，选择"字体"选项卡。

3）在"中文字体"下拉列表框选择"仿宋"，在"字号"下拉列表框选择"五号"，设置后的效果如图 2-13 所示。

> *电脑*系统由硬件系统和软件系统组成。前者是借助电、磁、光、机械等原
> 理构成的各种物理部件的有机组合，是系统赖以工作的实体。后者是各种程序
> 和文件，用于指挥全系统按指定的要求进行工作。

图 2-13　设置后的效果

4. 第三段正文排版

（1）首字下沉：下沉两行，距正文 0.2 厘米。

具体操作方法为：

1）选定第三段正文（也可将插入点定位在第三段正文的任意处）。

2）单击"格式"→"首字下沉"菜单命令，打开"首字下沉"对话框。在"位置"命令中选择"下沉"，"下沉行数"下拉列表框选择"2"行，"距正文"下拉列表框选择"0.2 厘米"，如图 2-14 所示。

（2）添加底纹：给文字添加 10% 的底纹（首字除外）。

图 2-14　首字下沉的设置

具体操作方法为：

1）选择第三段文字（首字除外）。

2）单击"格式"→"边框和底纹"命令，选择"底纹"选项卡，如图2-11所示。

3）在图案中"样式"下拉列表框选择10%，设置后效果如图2-15所示。

电子计算机分为数字计算机和模拟计算机两类。通常所说的计算机均指数字计算机，其运算处理的数据是用离散数字表示的。而模拟计算机处理的数据是用连续模拟量表示的。模拟计算机与数字计算机相比，其速度快、与物理设备接口简单，但精度低、使用困难、稳定性和可靠性差、价格昂贵，故模拟计算机已趋淘汰，仅在要求响应速度快、精度低的场合中使用。把两者优点巧妙结合而构成的混合型计算机，尚有一定的生命力。

图2-15　添加底纹的效果

（3）分栏：两栏等宽，含分隔线，栏间距为一个字符。

具体操作方法为：

1）选择第三段文字（首字除外）。

2）单击"格式"→"分栏"命令，打开"分栏"对话框，如图2-16所示。

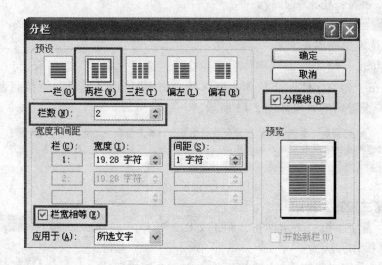

图2-16　"分栏"对话框

3）设置"两栏"，"栏数"下拉列表框选择"2"，"间距"下拉列表框选择"1字符"，选择"栏宽相等"和"分隔线"复选框，设置分栏后的效果如图2-17所示。

5. 第四段正文排版

行间距为1.5倍行距。具体操作方法为：

1）选择第四段正文。

电子计算机分为数字计算机和模拟计算机两类。通常所说的计算机均指数字计算机，其运算处理的数据是用离散数字表示的。而模拟计算机处理的数据是用连续模拟量表示的。模拟计算机与数字计算机相比，其速度快、与物理设备接口简单，但精度低、使用困难、稳定性和可靠性差、价格昂贵，故模拟计算机已趋淘汰，仅在要求响应速度快、精度低的场合中使用。把两者优点巧妙结合而构成的混合型计算机，尚有一定的生命力。

图 2-17　设置分栏后的效果

2）单击"格式"→"段落"命令，选择"缩进和间距"选项卡，如图 2-10 所示。

3）在"行距"下拉列表框中选择"1.5 倍行距"，设置后效果如图 2-18 所示。

*电脑*系统特点是能进行精确、快速的计算和判断，而且通用性好，使用容易，还能连成网络。主要包括：

计算：一切复杂的计算，几乎都可用*电脑*通过算术运算和逻辑运算来实现。

判断：*电脑*有判别不同情况、选择不同处理程序的能力，故可用于管理、控制、对抗、决策、推理等领域。

存储：*电脑*能存储巨量信息。

精确：只要字长足够，计算精度理论上不受限制。

快速：*电脑*一次操作所需的时间已小到以纳秒计。

易用：丰富的高性能软件及智能化的人机接口，大大方便了用户的使用。

连网：多个*电脑*系统能超越地理限制，借助通信网络，共享远程信息和软件资源。

图 2-18　段落的排版

6. 添加项目编号

在文档尾部关于计算机的 8 个特点前添加项目编号。具体操作方法为：

1）选定第一行"计算：一切复杂的计算，几乎都可用电脑通过算术运算和逻辑运算来实现。"

2）单击"格式"→"项目符号和编号"命令，选择"编号"选项卡。

3）任选一种编号（或单击"自定义"按钮，自定义编号列表，设置"编号格式"、"编号位置"和"文字位置"），如图 2-19 所示。

图 2-19　项目符号和编号

4）使用"格式刷"将项目符号应用到其后的 7 行中，设置后效果如图 2-20 所示。

a)　　计算：一切复杂的计算，几乎都可用*电脑*通过算术运算和逻辑运算来实现。

b)　　判断：*电脑*有判别不同情况、选择不同处理程序的能力，故可用于管理、控制、对抗、决策、推理等领域。

c)　　存储：*电脑*能存储巨量信息。

d)　　精确：只要字长足够，计算精度理论上不受限制。

e)　　快速：*电脑*一次操作所需的时间已小到以纳秒计。

f)　　易用：丰富的高性能软件及智能化的人机接口，大大方便了用户的使用。

g)　　连网：多个*电脑*系统能超越地理限制，借助通信网络，共享远程信息和软件资源。

图 2-20　设置项目符号和编号后的效果

7. 保存文档

保存结果在"练习 2. doc"文件中。具体操作方法为：

1）单击"文件"→"另存为"菜单命令，打开"另存为"对话框，在"文件名"文本框中输入"练习 2. doc"。

2）单击"文件"→"退出"命令。

排版后的效果如图 2-21 所示。

计算机系统

电脑系统由硬件系统和软件系统组成。前者是借助电、磁、光、机械等原理构成的各种物理部件的有要组合，是系统赖以工作的实体。后者是各种程序和文件，用于指挥全系统按指定的要求进行工作。

自 1946 年第一台电子计算机问世以来，计算机在元器件、硬件系统结构、软件系统应用等方面，均取得了惊人的进步。现代计算机系统小到微型计算机和个人计算机，大到巨型计算机及其网络，形态、特性多种多样，已广泛用于科学计算、事务处理和过程控制，日益深入到社会各个领域，对社会的进步产生深刻影响。

电子计算机分为数字计算机和模拟计算机两类。通常所说的计算机均指数字计算机，其运算处理的数据是用离散数字表示的。而模拟计算机处理的数据是用连续模拟量表示的。模拟计算机与数字计算机相比，其速度快、与物理设备接口简单，但精度低、使用困难、稳定性和可靠性差、价格昂贵，故模拟计算机已趋淘汰，仅在要求响应速度快、精度低的场合中使用。把两者优点巧妙结合而构成的混合型计算机，尚有一定的生命力。

电脑系统特点是能进行精确、快速的计算和判断，而且通用性好，使用容易，还能连成网络。主要包括：

a) 计算：一切复杂的计算，几乎都可用**电脑**通过算术运算和逻辑运算来实现。

b) 判断：**电脑**有判别不同情况、选择不同处理程序的能力，故可用于管理、控制、对抗、决策、推理等领域。

c) 存储：**电脑**能存储巨量信息。

d) 精确：只要字长足够，计算精度理论上不受限制。

e) 快速：**电脑**一次操作所需的时间已小到以纳秒计。

f) 易用：丰富的高性能软件及智能化的人机接口，大大方便了用户的使用。

g) 连网：多个**电脑**系统能超越地理限制，借助通信网络，共享远程信息和软件资源。

图 2-21　段落格式化后的效果

实验三　插入图形和对象

【实验目的】

1. 掌握插入、编辑图片的方法。
2. 掌握艺术字的插入与设置方法。
3. 掌握文本框的使用。
4. 掌握图形的绘制。

【相关知识】

1. 绘图工具栏的使用。
2. 文本框格式设置、边框(底纹)设置。
3. 图片与文本框的插入。
4. 绘制图形。

【实验内容及步骤】

打开文档"练习2.doc",在文档中添加艺术字、图像、文本框,本次结果保存在文档"练习3.doc"中。

1. 将标题改为"计算机系统与特点",并设计成艺术字

(1) 打开文档"练习2.doc"。具体操作方法为:

单击常用工具栏上"打开"按钮 ，打开"打开"对话框并选中"练习2.doc",单击"打开"按钮(或双击"练习2.doc"),如图2-22所示。

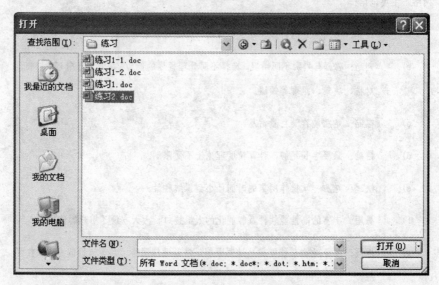

图2-22　打开"练习2.doc"文件

（2）将原标题删除，并插入艺术字标题。具体的操作方法为：

1）选择艺术字式样。单击"插入"→"图片"→"艺术字"命令，打开"艺术字库"对话框，如图2-23所示。

2）选择艺术字式样。

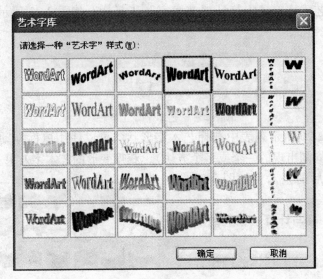

图2-23　"艺术字库"对话框

（3）编辑艺术字文字。具体的操作方法为：

1）单击"艺术字库"对话框中的"确定"按钮，打开"编辑'艺术字'文字"对话框，如图2-24所示。

2）在"文字"文本框中输入艺术字文字。

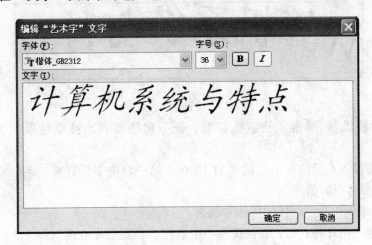

图2-24　编辑"艺术字"文字

3）在下拉列表框中选择"字体"、"字号"等格式。

（4）调整插入位置。具体的操作方法为：

选定艺术字，移动鼠标，拖曳艺术字对象至标题处。

（5）调整艺术字形状。具体的操作为：

1）单击艺术字对象，打开"艺术字"工具栏，如图 2-25 所示，单击"艺术字形状"按钮。

图 2-25 "艺术字"工具栏

2）在图 2-26 所示列表中选择艺术字形状。可以使用鼠标拖动"调整控制点"（艺术字周围出现的一个或多个方块），获得变形的艺术字效果。

3）设置后的艺术字如图 2-27所示。

2. 选择一幅与计算机相关的图片插入文档中

（1）插入图片。具体的操作方法为：

1）单击"插入"→"图片"→"剪贴画"命令，打开"剪贴画"窗格。

2）在"搜索文字"文本框中

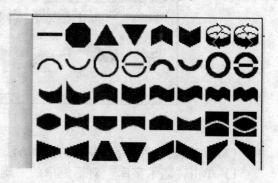

图 2-26 选择艺术字形状

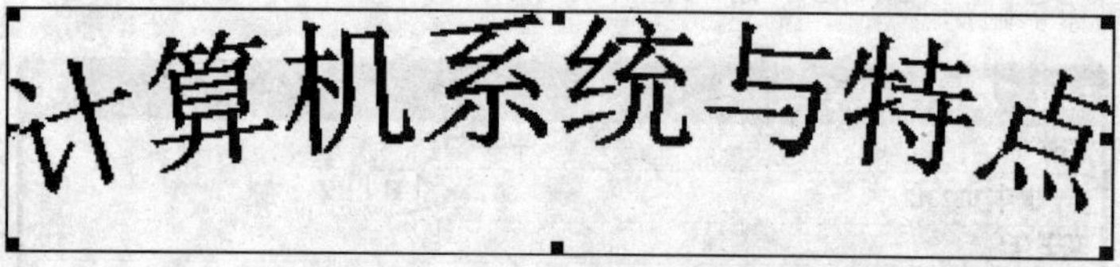

图 2-27 设置后的艺术字

输入"计算机"，单击"搜索"按钮，任务窗格将列出搜索结果，如图 2-28所示。

3）将插入点定位在第二段"自 1946 年第一台电子计算机"后，在任务窗格中双击要选择的图片。

（2）编辑图片。具体的操作方法为：

1）选中图片并右击，在快捷菜单中选择"设置图片格式"命令，选择"版式"选项卡，如图 2-29 所示。

2）设置环绕方式为四周型。

3）通过移动鼠标，将图片拖曳到适当的位置。

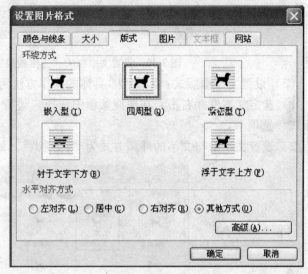

图 2-28 搜索剪贴画　　　　　　　　图 2-29 设置图片的版式

3. 将文档中计算机的 8 个特点放入文本框中

（1）插入文本框。具体的操作方法为：

1）将插入点定位在文档尾部，单击绘图工具栏的"文本框"按钮 。

2）当光标变为"十字形"时，拖曳鼠标，插入文本框。

（2）编辑文本框。具体的操作方法为：

1）选定文本框，单击绘图工具栏中的"三维效果"按钮 ，选择"三维样式 2"，如图 2-30 所示。

2）选定文本框，打开绘图工具栏中的"填充颜色" 列表框，选择"填充效果"，在"填充效果"对话框中选择"渐变"选项卡，可对"颜色"、"底纹样式"等进行设置，"纹理"、"图案"选项卡可对文本框进行其他的格式化设置。

图 2-30　设置文本框的"三维效果"

（3）设置文本框版式：四周型。具体的操作方法为：

1）选定文本框并右击，在快捷菜单中选择"设置文本框格式"命令，选择"版式"选项卡。

2）设置文本框与文字的环绕方式为"四周型"，如图 2-31 所示。

图 2-31　设置文本框的版式

（4）在文本框中输入文字。具体的操作方法为：

1）选定文本，单击常用工具栏中的"剪切"按钮 ✂ 。

2）在插入点定位在文本框中，单击常用工具栏中的"粘贴"按钮 📋 。

3）选定文本框，用鼠标拖曳控制点调整文本框大小，直至文本全部显示，设置后的结果如图 2-32 所示。

4. 将本次练习结果另存为"练习 3. doc"文件中，并退出 Word 应用程序

（1）"另存为"文件。具体的操作方法为：

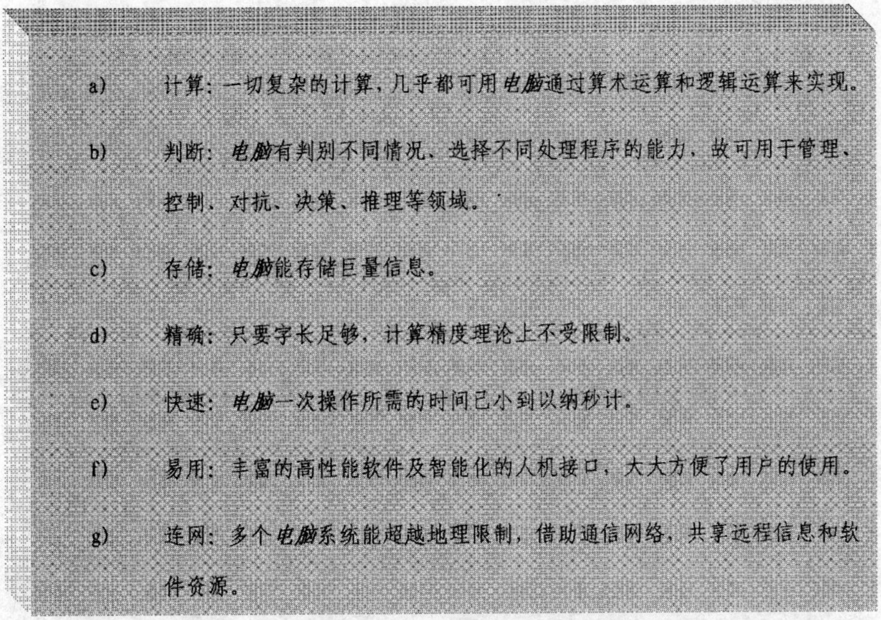

a) 计算：一切复杂的计算，几乎都可用*电脑*通过算术运算和逻辑运算来实现。

b) 判断：*电脑*有判别不同情况、选择不同处理程序的能力，故可用于管理、控制、对抗、决策、推理等领域。

c) 存储：*电脑*能存储巨量信息。

d) 精确：只要字长足够，计算精度理论上不受限制。

e) 快速：*电脑*一次操作所需的时间已小到以纳秒计。

f) 易用：丰富的高性能软件及智能化的人机接口，大大方便了用户的使用。

g) 连网：多个*电脑*系统能超越地理限制，借助通信网络，共享远程信息和软件资源。

图 2-32　设置文本框后的效果

单击"文件"→"另存为"菜单命令，打开"另存为"对话框，在"文件名"文本框中输入"练习 3. doc"。

（2）退出 Word 应用程序。具体的操作方法为：

单击"文件"→"退出"菜单命令。

经过以上设置后，文件"练习 3. doc"的效果如图 2-33 所示。

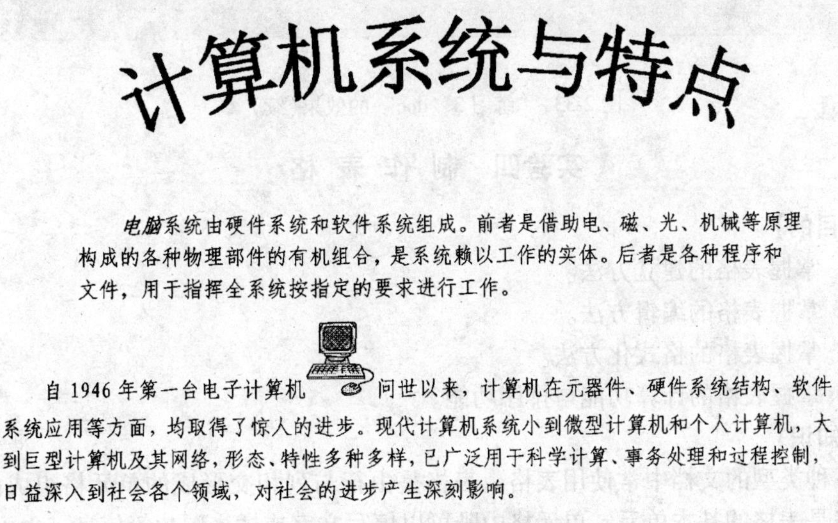

计算机系统与特点

*电脑*系统由硬件系统和软件系统组成。前者是借助电、磁、光、机械等原理构成的各种物理部件的有机组合，是系统赖以工作的实体。后者是各种程序和文件，用于指挥全系统按指定的要求进行工作。

自 1946 年第一台电子计算机 　　　 问世以来，计算机在元器件、硬件系统结构、软件系统应用等方面，均取得了惊人的进步。现代计算机系统小到微型计算机和个人计算机，大到巨型计算机及其网络，形态、特性多种多样，已广泛用于科学计算、事务处理和过程控制，日益深入到社会各个领域，对社会的进步产生深刻影响。

图 2-33　"练习 3. doc"的效果

电 子计算机分为数字计算机和模拟计算机两类。通常所说的计算机均指数字计算机，其运算处理的数据是用离散数字表示的，而模拟计算机处理的数据是用连续模拟量表示的。模拟计算机与数字计算机相比，其速度快、与物理设备接口简单，但精度低、使用困难、稳定性和可靠性差、价格昂贵，故模拟计算机已趋淘汰，仅在要求响应速度快、精度低的场合中使用。把两者优点巧妙结合而构成的混合型计算机，尚有一定的生命力。

*电脑*系统特点是能进行精确、快速的计算和判断，而且通用性好，使用容易，还能连成网络。主要包括：

a) 计算：一切复杂的计算，几乎都可用*电脑*通过算术运算和逻辑运算来实现。

b) 判断：*电脑*有判别不同情况、选择不同处理程序的能力，故可用于管理、控制、对抗、决策、推理等领域。

c) 存储：*电脑*能存储巨量信息。

d) 精确：只要字长足够，计算精度理论上不受限制。

e) 快速：*电脑*一次操作所需的时间已小到以纳秒计。

f) 易用：丰富的高性能软件及智能化的人机接口，大大方便了用户的使用。

g) 连网：多个*电脑*系统能超越地理限制，借助通信网络，共享远程信息和软件资源。

图 2-33 "练习 3. doc"的效果（续）

实验四 制 作 表 格

【实验目的】

1. 掌握表格的建立方法。
2. 掌握表格的编辑方法。
3. 掌握表格的格式化方法。
4. 掌握表格的计算功能与排序功能。

【相关知识】

各种类型的文档中常使用表格。表格是由行与列相交形成的单元格组成的。单元格是表格的基本单元，单元格中既可以填写文字或插入图片等信息，也可以嵌套表格。创建表格的方法很多，可以利用"表格"菜单中的"插入"命令，或使用"插入表格"按钮，或利用"表格和边框"工具栏绘制表格，还可以通过转换已有文本间接创建表格。

创建表格后，插入点自动定位在首行首列的单元格内，此时可以向表格输入数据，Word中的数据包括文字、数字、图片和嵌入表格等。数据的输入方式、编辑和格式设置方法均与普通文本的操作相同。按"Tab"键可将插入点下移一个单元格，按"Shift + Tab"组合键可将插入点上移一个单元格，用鼠标单击某个单元格可将插入点定位到该单元格。根据"先选定，后操作"的原则，编辑表格之前要先选定表格或表格的一部分，被选定的区域反白显示。选定表格的方法有多种。

【实验内容及步骤】

1. 表格的建立

（1）新建文档"练习 4. doc"。单击常用工具栏上的"新建"按钮　，新建"文档练习 4. doc"。

（2）创建图 2-34 所示表格。具体的操作方法为：

姓名	航海英语	听力与会话	气象	船舶值班与避碰	货运
刘训洋	94.4	82.3	81.9	83	77.2
吕海威	95.2	91.4	87.3	88	74.4
程建生	83	90	86.4	81	79
沈晓威	93.9	91.4	79.1	75	85.3
杨月亮	96.2	89.1	81.9	77	60
周云杰	88.6	77.4	81	85	73.5

图 2-34　学生成绩表格

1）插入定位点，单击"表格"→"插入"→"表格"命令(或单击常用工具栏中的"插入表格"按钮　)。

2）设置表格大小为 7 行 6 列。

3）按照图 2-34 所示要求输入表格内容。

2. 编辑表格

（1）插入列。具体的操作方法为：

1）选中最后一列。鼠标指向该列的上方，光标变为↓后单击，然后单击"表格"→"插入"→"列(在右侧)"命令，如图 2-35 所示。

2）输入列标题"平均分"。

（2）插入首行(标题行)。具体的操作方法为：

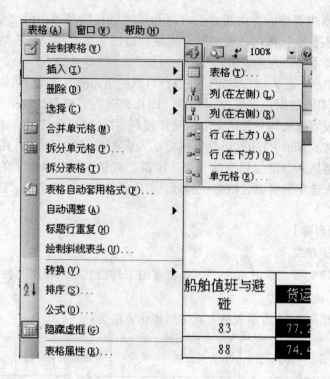

图 2-35 在表格中插入行或列

1）选定第一行，将插入点定位在第一行任一单元格。

2）单击"表格"→"插入"→"行（在上方）"命令。

（3）合并单元格。具体的操作方法为：

1）选定第一行（标题行）。鼠标移到第一行第一列左边双击。

2）单击"表格"→"合并单元格"命令。

3）输入标题名"成绩表"。

（4）插入末行。具体的操作方法为：

1）插入点定位在最后一行最后一列单元格内，按"Tab"键（或将插入点定位在表格外最后一行的右侧，按"回车"键）。

2）在第一列最后一行输入"各科平均分"。

（5）调整列宽。可通过下列方法之一调整列宽：

1）移动鼠标至列边线，拖曳鼠标进行调整。

2）使用菜单自动调整整个表格。选定表格（将鼠标移至整个表格左上方，出现"表格位置控制点" 后单击），再单击"表格"→"自动调整"→"根据内容调整表格"菜单命令。

（6）调整首行高度。具体的操作方法为：

1）选定首行，单击"表格"→"表格属性"菜单命令，选择"行"选项卡，如图 2-36 所示。

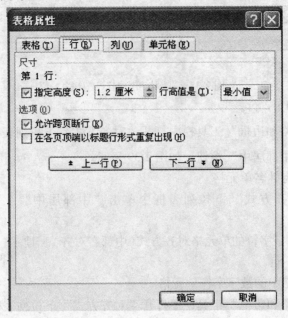

图 2-36　设置表格属性中的"行"

2）设置指定高度：1.2 厘米。

经上述步骤调整后的效果，如图 2-37 所示。

成绩表						
姓名	航海英语	听力与会话	气象	船舶值班与避碰	货运	平均分
刘训洋	94.4	82.3	81.9	83	77.2	
吕海威	95.2	91.4	87.3	88	74.4	
程建生	83	90	86.4	81	79	
沈晓威	93.9	91.4	79.1	75	85.3	
杨月亮	96.2	89.1	81.9	77	60	
周云杰	88.6	77.4	81	85	73.5	
各科平均分						

图 2-37　编辑后的表格

3. 表格的格式化

（1）设置文字单元格对齐方式（第 1、2 行，第 1 列中部居中）。具体的操作方法如下：

1）打开"表格和边框"工具栏，如图2-38所示，单击常用工具栏"表格和边框"按钮▣（或单击"表格"→"绘制表格"菜单命令）。

图2-38　"表格和边框"工具栏

2）选定第1、2行。

3）在"表格和边框"工具栏中打开"对齐方式"下拉列表框▤▾。

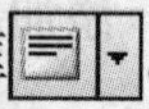

4）单击"中部居中"按钮，如图2-39所示。

5）选定所有姓名单元格。

6）在"对齐方式"下拉列表框中单击"中部居中"按钮。

（2）设置数字字符的单元格对齐方式（中部右对齐）。具体的操作方法如下：

图2-39　单元格
对齐方式

1）选定表格中的数字字符单元格。

2）在"表格和边框"工具栏中打开"对齐方式"下拉列表框。

3）单击"中部右对齐"按钮。

（3）设置首行字符格式。具体的操作方法如下：

1）选中第1行(标题)，单击"格式"→"字体"命令。

2）设置字体：楷体、加粗、三号，字符间距5磅。

（4）设置第2行字符格式。具体的操作方法如下：

1）选中第2行，单击"格式"→"字体"命令。

2）设置字体：仿宋、小四、加粗。

（5）设置"各科平均分"单元格字符格式。具体的操作方法如下：

1）选中最后一行第一列"各科平均分"单元格，单击"格式"→"字体"命令。

2）设置字体：仿宋、小四、加粗。

（6）设置姓名单元格字符格式。具体的操作方法如下：

1）选中所有姓名单元格，单击"格式"→"字体"命令。

2）设置字体：仿宋、小四。

（7）设置线型（表格外边框为双线型，内边框为单线型）。具体的操作方法如下：

1）选中整个表格，打开"表格和边框"工具栏。

2）设置双线型：单击"表格和边框"工具栏上"线型"下拉列表框，选择双线型。

3）单击"表格和边框"工具栏上"框线"下拉列表框，选择"外侧框线"。

4）设置单线型：单击"表格和边框"工具栏上"线型"下拉列表框，选择单线型。

5）单击"表格和边框"工具栏上"框线"下拉列表框，选择"内侧框线"。

（8）添加斜线表头。具体的操作方法如下：

1）在"姓名"单元格中"姓名"前增加段落标记，在新增段落中输入"科目"。

2）设置"姓名"段落左对齐，"科目"段落右对齐。选中"姓名"，单击"格式"→"段落"→"缩进和间距"选项卡，选中"对齐方式"。

3）单击"表格和边框"工具栏中的"绘制表格"按钮 ，在"姓名"和"科目"间添加斜线。

执行上述步骤后的效果，如图 2-40 所示。

成 绩 表

科目 姓名	航海英语	听力与会话	气象	船舶值班与避碰	货运	平均分
刘训洋	94.4	82.3	81.9	83	77.2	
吕海威	95.2	91.4	87.3	88	74.4	
程建生	83	90	86.4	81	79	
沈晓威	93.9	91.4	79.1	75	85.3	
杨月亮	96.2	89.1	81.9	77	60	
周云杰	88.6	77.4	81	85	73.5	
各科平均分						

图 2-40　格式化后的表格

4. 表格的计算

（1）计算个人平均分。具体的操作方法如下：

1）插入点定位在"刘训洋"的"平均分"单元格中，单击"表格"→"公式"命令，打开"公式"对话框，如图 2-41 所示。

2）删除"公式"文本框中除"＝"以外的内容。

3）在"粘贴函数"列表框中选择 AVERAGE。

4）在公式的括号中输入参加运算的单元格（LEFT 为插入点左边的数据）。

5）在"数字格式"列表框中选择或输入数字格式（保留两位小数），单击"确定"按钮。

6）其余平均分的计算可以按上述方法操作，也可以用以下的方法：复制"刘训洋"的"平均分"到其他所有"平均分"的单元格，按"F9"键其他结果即被自动填充了。

（2）计算各科平均分。具体的操作方法如下：

1）插入点定位在"航海英语"列的"各科平均分"单元格中，单击"表格"→"公式"命令，打开"公式"对话框。

2）删除"公式"文本框中除"="以外的内容。

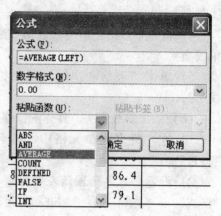

图2-41 "公式"对话框

3）在对话框"粘贴函数"列表框中选择 AVERAGE。

4）在公式的括号中输入参加运算的单元格（ABOVE 为插入点上边的数据）。

5）在"数字格式"列表框中选择或输入数字格式（保留两位小数），单击"确定"按钮。

6）其余科目平均分的计算可参照个人平均分的操作。

执行上述操作后的结果，如图2-42所示。

成绩表

姓名＼科目	航海英语	听力与会话	气象	船舶值班与避碰	货运	平均分
刘训洋	94.4	82.3	81.9	83	77.2	83.76
吕海威	95.2	91.4	87.3	88	74.4	87.26
程建生	83	90	86.4	81	79	83.88
沈晓威	93.9	91.4	79.1	75	85.3	84.94
杨月亮	96.2	89.1	81.9	77	60	80.84
周云杰	88.6	77.4	81	85	73.5	81.10
各科平均分	91.88	86.93	82.93	81.50		74.90	83.63

图2-42 计算后的表格

5. 排序

将"航海英语"成绩升序排列。具体的操作如下：

1）选中第2列"航海英语"除平均分外的所有单元格后，单击"表格"→"排序"菜单命令，打开"排序"对话框，如图2-43所示。

2）在"类型"下拉框中选择"数字"，排列顺序选择"升序"单选按钮。

3）选择"列表"区域中"无标题行"，单选按钮后，单击"确定"按钮，排序后的表格如图2-44所示。

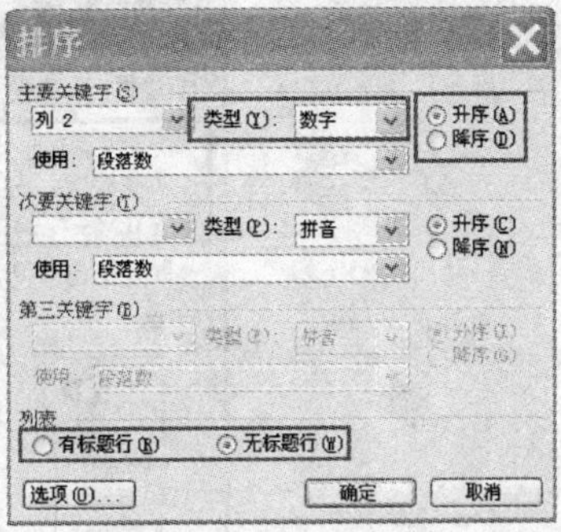

6. 保存结果在"练习4. doc"

单击"文件"→"保存"菜单命令，打开

图 2-43　"排序"对话框

"另存为"对话框，在"文件名"文本框中输入"练习4. doc"。

成 绩 表

科目 姓名	航海英语	听力与会话	气象	船舶值班与避碰	货运	平均分
程建生	83	90	86.4	81	79	83.88
周云杰	88.6	77.4	81	85	73.5	81.10
沈晓威	93.9	91.4	79.1	75	85.3	84.94
刘训洋	94.4	82.3	81.9	83	77.2	83.76
吕海威	95.2	91.4	87.3	88	74.4	87.26
杨月亮	96.2	89.1	81.9	77	60	80.84
各科平均分	91.88	86.93	82.93	81.50	74.90	83.63

图 2-44　排序后的表格

实验五　页面排版

【实验目的】

1. 掌握页眉、页脚的设置方法。

2. 学会在文档中插入页码、分页符。

3. 学会打印参数的设置和打印预览功能的使用。

【相关知识】

执行"文件"菜单中的"页面设置"命令，可打开"页面设置"对话框，如图2-45所示。它包含四个选项卡，可分别用于设置页边距、纸张、版式和文档网格。

在正式打印之前，往往需要对文本进行打印预览。打印预览按一定的比例显示文档页面内容或多页的布局情况。单击"常用"工具栏中的"打印预览"按

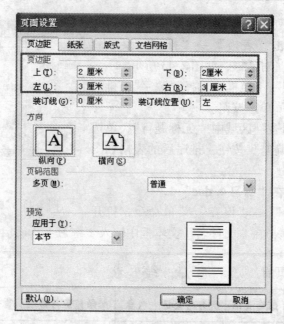

图 2-45　"页面设置"对话框

钮，或执行"文件"菜单中的"打印
预览"命令，屏幕显示文档预览窗口。
【实验内容及步骤】

**1. 对"练习 2. doc"文档的内容
进行页面设计**

（1）设置页边距。具体的操作方
法如下：

1）单击"文件"→"页面设置"
菜单命令，选择"页边距"选项卡，
如图 2-45 所示。

2）设置上、下边距为 2 厘米，
左、右边距为 3 厘米。

（2）设置纸型。具体的操作方法
如下：

1）选择"纸张"选项卡，如图
2-46 所示。

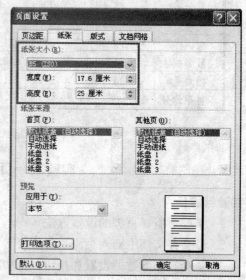

图 2-46　纸张大小的设置

2）在"纸张大小"下拉列表框中选择"B5（ISO）"，宽度为 17.6 厘米，高
度为 25 厘米。

3）在"版式"选项卡中，设置页眉、页脚距边界各为 1.5 厘米，如图 2-47

图 2-47　"页眉和页脚"工具栏

所示。

2. 设置页眉

（1）打开"页眉和页脚"工具栏。具体的操作方法如下：

单击"视图"→"页眉和页脚"命令，打开"页眉和页脚"工具栏，如图 2-47 所示。

（2）设置页眉格式。具体的操作方法如下：

1）单击"页眉和页脚"工具栏中"页面设置"按钮 ，打开"页面设置"对话框，选择"版式"选项卡，如图 2-48 所示。

2）设置页眉格式为奇偶页不同。

（3）添加页眉。具体的操作方法如下：

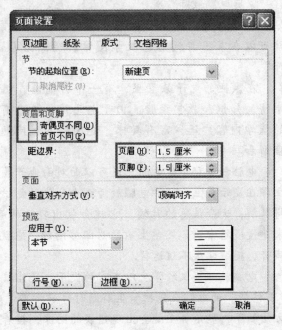

图 2-48　页面版式的设置

1）将插入点定位在第一页页眉处，输入"计算机应用基础"。

2）单击"页眉和页脚"工具栏中的"显示下一项" ，输入"Windows XP 操作系统"。

3. 在"打印预览"方式下观察打印效果

单击"文件"→"打印预览"命令（或单击常用工具栏上的"打印预览"按钮 ），打开"打印预览"视图。

4. 将本次结果另存为"练习 5. doc"

单击"文件"→"另存为"菜单命令，打开"另存为"对话框，在"文件名"文本框中输入"练习 5. doc"，按"保存"按钮。单击"文件"→"退出"命令，退出 Word 应用程序。

第三单元　上机操作题

1. 在 E 盘根目录下建立以自己姓名命名的文件夹，在文件夹中建立：

① "WORD" 文件夹；②以 "学生信息" 为名的文本文件，在此文件中按如下顺序输入信息：姓名、班级、学号、机器号。

2. 文字录入和格式编排

家庭电脑教师

有一种叫 "黑匣" 的电子装置，只要将家用电脑的显示器插在黑匣上，就可以在家里看到彩色教学图像，听到老师的教课，人们称之是 "电脑教师"。

在黑匣的电子装置里，有一个存储器，记载着专家和特别教师赋予它的丰富的知识和教学经验。由于电子计算机具有分析和推理判断能力，所以它的教学内容广泛，富有趣味，能回答各种问题，并能因材施教，使学生容易理解和接受。

电脑教师和学生之间，还可以面对面地开展问答活动。回答是否正确，可以立即在显示屏上看到。电脑教师还十分体贴爱护学生，当学生遇到难题，百思不得其解，十分焦急的时候，它就会放出轻快的音乐，安慰学生，让他们静下心来，慢慢思索；如果学生不愿意回答问题，它就会生气地发出 "哼"、"哼" 的声音，提醒学生不该这样。

电脑教师不仅给学生以丰富的提示，还能培养他们运用知识的能力。有个叫 "罗格斯" 的电脑，能把学生解题时每一步思考方法用图画显示出来。如果思考方法错了，显示屏上就会出现错误的图像，接着，它还会一步一步地分析错在哪里，怎样合理地思考问题。这样，学生不必死记硬背，通过实例就可以学会正确地思考和解决问题的方法。

要求：

(1) 输入以上文字。

(2) 删除最后一段中 "有个叫……解决问题的方法。" 这段文字，并将正文字体设置成四号字，字间距为加宽 0.3 磅，行间距为 1.5 倍行距。

(3) 将第三段 "电脑……不该这样。" 中的 "学生" 替换成 "STUDENT"，并加上红色波浪线。

(4) 设置页面左边距为 4 厘米，右边距为 3 厘米。

(5) 给标题 "家庭电脑教师" 添加超级链接，链接到 "http：//www. sina. com. cn"。

(6) 设置艺术字，将第二段中的 "存储器" 设置为艺术字，样式为第三行，第二列；文本形状：陀螺形；字体：隶书；字号：54；阴影：样式14；文字环绕：四周型。

(7) 设置页眉/页脚：页眉："试作考试试题"，居中，字号：小五，字体：宋体；页脚："第一页共一面"，位置：右侧，字号：小五，字体：宋体。

（8）将此文档保存在 WORD 文件夹下命名为"格式编排"。

3. 新建文档，按要求制作如下表格。

参展意向书　　　　　　　年　月　日

参展单位：		
企业性质： ○国内企业	○合资企业	○独资企业
联系人： 电话：	传真：	
详细通信地址：	邮编：	
申请参展类别： ○电子元器件展	○电子整机仪器展	
申请展位类别： ○普通展位　○标准展位　○会场场地　○外商展位		
备注：		

要求：

（1）表格标题文字：三号、黑体、粗体，其他文字：宋体、五号。

（2）将最后一行设置图案样式为 15%，图案颜色为金色。

（3）表格外框为 1.5 磅双线，内框为 0.75 磅虚线。

（4）表格各部分居中对齐。

（5）将设计好的表格保存在"WORD"文件夹下，文件名为"表格"。

4. 在根目录建立以姓名命名的文件夹，其中包含写有姓名、班级、学号的"学生信息"文本文件和"WORD"文件夹，并按以下内容进行文字录入和格式排版。

音乐的表现力

音乐巨匠莫扎特

"言为心声"。言的定义是很广泛的：汉语、英语和德语都是语言，**音乐**也是一种语言。虽然这两类语言的构成和表现力不同，但都是人的心声。作为**音乐**诗人，莫扎特是了解自己的，他是一位善于扬长避短、攀上**音乐**艺术高峰的旷世**音乐**天才。他自己也说过：

"我不会写诗，我不是诗人……也不是画家。我不能用手势来表达自己的思想感情；我不是舞蹈家。但我可以用声音来表达这些；因为，我是一个音乐家。"

莫扎特**音乐**披露的内心世界是一个充满了希望和朝气的世界。尽管有时候也会出

现几片乌黑的月边愁云，听到从远处天边隐约传来的阵阵雷声，但整个**音乐**的基调和背

景毕竟是一派情景无限的瑰丽气象。即使是他那未完成的绝命之笔"D 小调安魂曲"，

也向我们披露了这位仅活了 36 岁的奥地利短命**音乐**天才，对生活的执著、眷恋和生生

死死追求**音乐**的乐观情怀。

★ Everything has changed since liberation. The people, led by the Party, have got rid of the mud and dirt. They have put up schools, theaters, shops and flas. They have an assembly hall and a hospital. Along the river they have built offices, hotels and a big park. Factories with tall chimmeys have sprung up. On the river steamers and boats come and go busily, day and night. They Carrie the products of our industries to all parts of the province.

要求

（1）设置字体：第一行隶书；第二行宋体；正文第一、三段楷体；第二段隶书；英文段 Arial。

（2）设置字号：第一行三号；第二行五号；正文第一、三段五号；第二段小四；英文段五号。

（3）设置字形第二行下划线（波浪线）。

（4）设置对齐方式第一、二行居中。

（5）设置段落缩进正文第一、三段首行缩进 2 个字符；第二段左右各缩进 2 厘米。

（6）设置艺术字，类型参照试卷样文，36 号字，宋体。

（7）把正文中所有的"音乐"二字，替换为三号字，宋体，加黑，并加着重号。

（8）分栏排版英文段分两栏，并加分隔线。

（9）设置页眉："音乐巨匠莫扎特"，宋体，五号，居中。页脚："Word 样文"，宋体，五号，右对齐。

（10）保存文件名为"File1. doc"，保存在"WORD"文件夹下。

5. 编辑公式利用公式编辑器，制作如下所示的公式，将设计好的公式保存在"WORD"文件夹下名为"File3. doc"

（1）$x = 3\sqrt{1 + \left[\dfrac{2}{\sqrt{x^2 + y^2}}\right]^2}$

（2）$|P_1P_2| = \sqrt{(X_2 - X_1)^2 + (Y_2 - Y_1)^2}$

第三章　Excel 2003 电子表格处理

第一单元　学习要点

本章的目的是使学生能掌握 Microsoft Excel 2003 的基本概念、基本的操作与使用方法。

1. 了解 Excel 2003 的主要功能，掌握启动和退出的方法，熟悉 Excel 2003 窗口的基本组成。

2. 掌握工作簿的创建、打开和保存的各种方法。

3. 区分工作簿、工作表、单元格和单元格区域的概念及它们之间的关系。

4. 掌握工作表中各种数据类型（包括文本、数字、日期/时间、批注等）的输入方法和技巧。

5. 掌握工作表中各种数据的编辑（复制、移动、清除和修改等）；掌握工作表的编辑（插入或删除单元格、行和列）。

6. 掌握公式与常用函数的使用。

7. 掌握对工作表的编辑与管理（选择、插入、重命名、删除、移动和复制工作表）。

8. 掌握工作表的格式化方法。

9. 掌握数据清单的创建、编辑、排序、筛选、高级筛选、分类汇总的操作。

10. 掌握图表的建立和编辑。

11. 了解页面设置、打印预览和打印等操作。

第二单元　实验指导

实验一　建立与编辑工作表

【实验目的】

1. 掌握启动和退出 Excel 2003 的各种方法，掌握工作薄的创建、打开、保存和关闭方法。

2. 熟练掌握工作表中各种数据类型的录入方法和技巧，包括文本、数字、日期/时间、公式和函数、批注等。

3. 熟练掌握工作表中数据的编辑(复制、移动、清除和修改等),工作表的编辑(插入、删除单元格、行和列),了解行和列的隐藏与锁定、窗口的拆分与还原。

【相关知识】

1. 区分工作簿、工作表、单元格与单元格区域

2. 单元格的选取

(1) 单个单元格选取:直接单击或通过"编辑"→"定位"菜单命令。

(2) 多个连续单元格选取:鼠标拖曳或鼠标与"Shift"键配合操作。

(3) 多个不连续单元格选取:鼠标与"Ctrl"键配合操作。

(4) 行选取:单击行号。

(5) 列选取:单击列标。

3. 数据的输入

(1) 文本输入(包括汉字、英文字母、数字、空格等键盘键入的字符),默认左对齐。

(2) 数值输入(包括 0~9、+、-、E、e、¥、%等),默认右对齐。

(3) 日期输入(方法:"Ctrl+分号")。

(4) 时间输入(方法:"Ctrl+Shift+分号")。

4. 自动输入

(1) 纯字符或数字的自动填充(相当于复制)。

(2) 字符与数字混合(自动变化,如 A2)。

(3) 预设填充(操作方法:单击"工具"→"选项"→"自定义序列"命令)。

5. 产生序列(操作方法:"编辑"→"填充"→"序列"命令)

6. 掌握单元格的合并居中

7. 数据的清除与删除

8. 插入单元格、行(将插在所选单元格上方)**、列**(将插在所选单元格左侧)

9. 掌握工作表的删除(不可恢复)**、插入和重命名**

10. 计算功能

(1) 使用公式(直接输入公式,勿忘"=")。

(2) 使用函数(fx 粘贴函数或编辑栏的"="按钮)。

(3) 自动求和(格式工具栏上的"∑"按钮)。

11. 单元格的引用和公式或函数的复制

【实验内容及步骤】

1. 在 D 盘新建一个文件夹,命名为"Excel 2003 实验",然后创建工作簿"实验一"

(1) 创建工作簿有两种方法:

方法一:在"Excel 2003 实验"文件夹下空白处单击鼠标右键,选择"新建"→"Microsoft Excel 工作表"命令，并将文件名修改为"实验一.xls"，如图 3-1 所示。

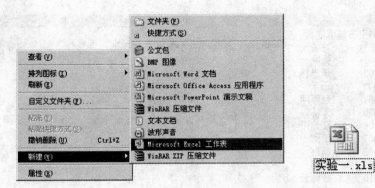

图 3-1 新建工作簿

方法二：启动 Excel 2003，通过保存命令，将工作簿保存在"Excel 2003 实验"文件夹下，并将文件命名为"实验一.xls"，如图 3-2 所示。

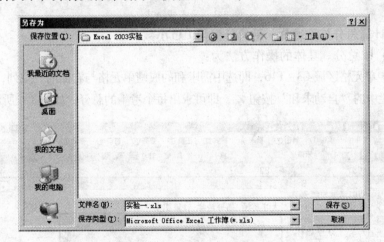

图 3-2 保存工作簿

（2）在 Sheet1 工作表中录入要求的内容，如图 3-3 所示。具体操作方法为：

1）录入文字。按图示录入文字，单击要输入内容的单元格，直接输入文本，按"Tab"键或"回车"键完成当前单元格的录入。文本型数据均可直接输入，如期中考试成绩表、学号、姓名等标题。录入后自动在单元格内左对齐。

2）录入成绩。该工作表中学生的分数是数值型，无规律，需依次录入。录入后数值型数据在单元格内右对齐。

3）录入学号。学生的学号以"000"格式出现，可将录入的数值转为文本型实现。输入第一个学生学号"'001"（记得前边加单引号）。然后选中 A3 单元格，使用自动填充功能，拖动填充柄到 A16，完成学号 "001" ～ "014" 的录入。

	A	B	C	D	E	F	G
1	期中考试成绩表						
2	学号	姓名	大学英语	高等数学	计算机文化基础	总分	平均分
3	001	张晓一	82	88	90		
4	002	李思林	56	62	68		
5	003	王东	98	92	91		
6	004	赵萍萍	67	70	82		
7	005	宋林	69	75	79		
8	006	江建设	76	80	86		
9	007	田甜	74	79	88		
10	008	杨梅	79	77	75		
11	009	张海	88	85	84		
12	010	汪晖云	89	86	89		
13	011	李子琦	69	73	61		
14	012	王东新	92	88	90		
15	013	徐翔	68	65	75		
16	014	单青	91	86	93		

图 3-3　录入成绩表

2. 计算总分与平均分，平均分保留 1 位小数

（1）求总分。具体的操作方法为：

选中单元格区域 C3：F16，即选中需求和的成绩单元格与右侧的一空列，单击常用工具栏中的 "自动求和" 按钮 Σ，即可求出每个考生的总分，如图 3-4 所示。

	A	B	C	D	E	F	G
1	期中考试成绩表						
2	学号	姓名	大学英语	高等数学	计算机文化基础	总分	平均分
3	001	张晓一	82	88	90	260	
4	002	李思林	56	62	68	186	
5	003	王东	98	92	91	281	
6	004	赵萍萍	67	70	82	219	
7	005	宋林	69	75	79	223	
8	006	江建设	76	80	86	242	
9	007	田甜	74	79	88	241	
10	008	杨梅	79	77	75	231	
11	009	张海	88	85	84	257	
12	010	汪晖云	89	86	89	264	
13	011	李子琦	69	73	61	203	
14	012	王东新	92	88	90	270	
15	013	徐翔	68	65	75	208	
16	014	单青	91	86	93	270	

图 3-4　自动求和

当然求总分还可用其他方法，如公式、函数等，结合公式函数的复制，求出每个学生的总分。请灵活应用所学知识，多次尝试。

（2）求平均分。具体的操作方法为：

选中 G3 单元格，输入公式"＝AVERAGE(C3:E3)"，按"回车"键，即可求出第一个学生的平均分，如图 3-5 所示。

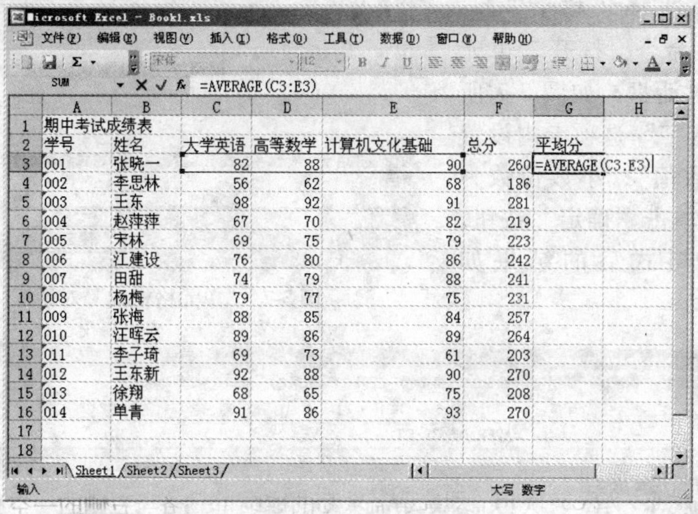

图 3-5　使用公式计算

然后使用自动填充功能复制公式，拖动 G3 单元格的填充柄至 G16 单元格，这样即可求出每个学生的平均分，如图 3-6 所示。

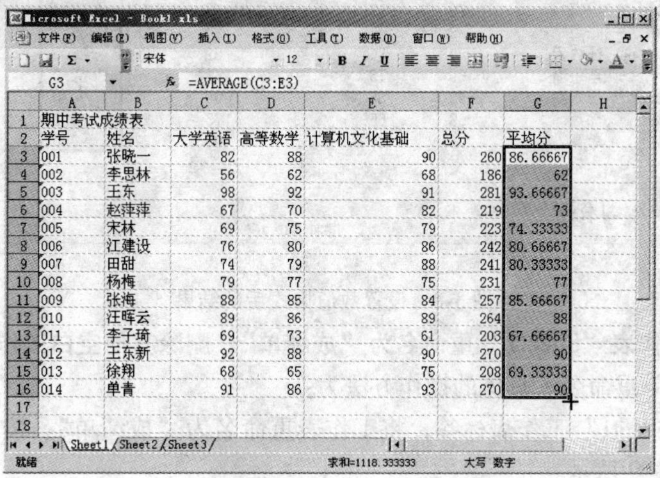

图 3-6　公式的复制

请尝试用函数或其他方法求出平均分。

（3）设置数值格式。具体的操作方法为：

选中求出的平均分区域 G3～G16，选择"格式"→"单元格"命令，打开"单元格格式"对话框，如图 3-7 所示。在"数字"选项卡内设置分类为"数值"，小数位数为"1"；然后单击"确定"按钮，设置数值格式后的结果如图 3-8 所示。

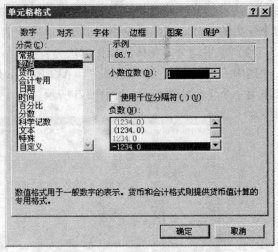

图 3-7 "单元格格式"对话框

	A	B	C	D	E	F	G	H
1	期中考试成绩表							
2	学号	姓名	大学英语	高等数学	计算机文化基础	总分	平均分	
3	001	张晓一	82	88	90	260	86.7	
4	002	李思林	56	62	68	186	62.0	
5	003	王东	98	92	91	281	93.7	
6	004	赵萍萍	67	70	82	219	73.0	
7	005	宋林	69	75	79	223	74.3	
8	006	江建设	76	80	86	242	80.7	
9	007	田甜	74	79	88	241	80.3	
10	008	杨梅	79	77	75	231	77.0	
11	009	张海	88	85	84	257	85.7	
12	010	汪晖云	89	86	89	264	88.0	
13	011	李子琦	69	73	61	203	67.7	
14	012	王东新	92	88	90	270	90.0	
15	013	徐翔	68	65	75	208	69.3	
16	014	单青	91	86	93	270	90.0	
17								
18								

图 3-8 设置数值格式后的结果

3. 将工作表"Sheet1"重命名为"成绩单"，删除其他空白工作表

（1）表单重命名。具体的操作方法为：

双击"Sheet1"工作表标签，将工作表重命名为"成绩单"，按"回车"键确定，如图 3-9 所示。

（2）删除工作表。具体的操作方法为：

选中 Sheet2 和 Sheet3，单击鼠标右键，在弹出的快捷菜单中选择"删除"

命令，如图 3-10 所示。

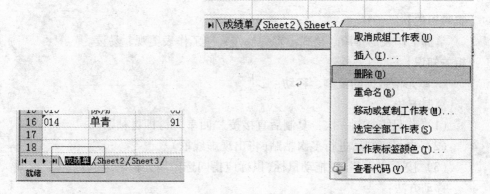

图 3-9　工作表重命名　　　　　　　图 3-10　删除工作表

4. 编辑修改工作表

（1）插入行、列。具体的操作方法为：

1）选择第二行，使用"插入"菜单的"行"命令，即在第二行上方插入一空行。

2）选择第一列，使用"插入"菜单的"列"命令，即在最左侧插入一空列。

3）若想插入多行或多列，可选择相邻的多行或多列。

（2）删除行或列。具体的操作方法为：

1）单击行号 1，选择刚才插入的行，使用"编辑"菜单中的"删除"命令即可删除该行。

2）单击列标 A，选择刚才插入的列，使用"编辑"菜单中的"删除"命令即可删除该列。

（3）修改数据。具体的操作方法为：

选中"成绩单"工作表中 E4 单元格，将成绩修改为"100"，观察总分和平均分的变化。

（4）冻结窗格。具体的操作方法为：

选定"成绩单"工作表中的第 3 行，选择"窗口"菜单中的"冻结窗格"命令，将 1、2 行冻结。移动垂直滚动条下移，观察冻结窗格的效果。

选择"窗口"菜单中的"取消冻结窗格"命令可撤销冻结。

（5）隐藏行、列。具体的操作方法为：

选择要隐藏的行或列，在"格式"菜单中相应的"行"或"列"中，单击"隐藏"命令。

实验二 格式化工作表

【实验目的】

掌握工作表的排版、格式设置等操作，使工作表美观、易读。

【相关知识】

1. 单元格数据的复制、移动

复制方法：

（1）若只需复制一次：复制后直接按"回车"键即可粘贴。

（2）也可复制后进行多次粘贴（将出现虚线框）。

（3）按下"Ctrl"键拖动鼠标（鼠标应指向选中单元格的边框）。

移动方法：

（1）剪切→粘贴。

（2）通过鼠标拖动来移动（鼠标指向选中单元格的边框才可）。

2. 工作表的格式设置（如数字形式、对齐方式、字体、边框、底纹等）

（1）通过格式工具栏直接设置。

（2）通过"格式"菜单的"单元格"命令，在"单元格格式"对话框中设置。

3. 格式的复制、清除

4. 设置行高、列宽

（1）直接拖动要设置的行或列的边界。

（2）单击"格式"菜单下的"行"、"列"子菜单，通过相应命令设置。

5. 条件格式

通过"格式"菜单的"格式条件"命令，打开"条件格式"对话框进行设置。

6. 自动套用格式

Excel 2003 中有一些系统已经设置好的格式，可直接选择应用；也可通过"格式"菜单中的"自动套用格式"命令，打开相应对话框进行选择。

【实验内容及步骤】

1. 复制工作表"成绩单"

在 D 盘的"Excel 2003 实验"文件夹下，建立名为"实验二.xls"的工作簿，打开"实验一.xls"工作簿，将工作表"成绩单"的内容 A1：G16 拖动选中，单击工具栏中的"复制"按钮；单击切换到"实验二.xls"的 Sheet1 工作表，再单击该表的 A1 单元格，选择"粘贴"命令，即可将工作表"成绩单"复制到 Sheet1 中。

2. 将"实验二.xls"的 Sheet1 工作表进行如图 3-11 所示格式化操作

（1）第一行内容作为表格标题合并居中，字体设置为黑体，字号 20。具体的操作方法为：

	A	B	C	D	E	F	G
1			期中考试成绩表				
2	学号	姓名	大学英语	高等数学	计算机文化基础	总分	平均分
3	001	张晓一	82	88	90	260	86.7
4	002	李思林	56	62	68	186	62.0
5	003	王东	98	92	91	281	93.7
6	004	赵萍萍	67	70	82	219	73.0
7	005	宋林	69	75	79	223	74.3
8	006	江建设	76	80	86	242	80.7
9	007	田甜	74	79	88	241	80.3
10	008	杨梅	79	77	75	231	77.0
11	009	张海	88	85	84	257	85.7
12	010	汪晖云	89	86	89	264	88.0
13	011	李子琦	69	73	61	203	67.7
14	012	王东新	92	88	90	270	90.0
15	013	徐翔	68	65	75	208	69.3
16	014	单青	91	86	93	270	90.0

图 3-11　格式化后的工作表

1）拖动选择 A1：G1 单元格区域，然后单击工具栏中的"合并及居中"按钮，使标题相对于数据表居中。

2）在"格式"工具栏中将字体设置为黑体，字号设置为 20。

（2）将第二行 A2：G2 单元格设置底纹绿色，文字黄色，字体加粗。具体的操作方法为：

1）拖动选择 A2：G2 单元格区域，在"格式"工具栏中选择"填充颜色"按钮 右侧的下拉箭头，选择绿色。

2）在"格式"工具栏中选择"字体颜色"按钮 **A** 右侧的下拉箭头，选择黄色。

3）在"格式"工具栏中单击"加粗"按钮 **B**。

（3）A2：G16 设置为行高 18，列宽为最适合的列宽，文本的垂直和水平方向均居中，数据加边框。具体的操作方法为：

1）拖动选择 A2：G16 单元格区域，选择"格式"→"行"→"行高"命令，打开"行高"对话框，如图 3-12 所示。行高填入 18 后，单击"确定"按钮。

2）单击"格式"→"列"→"最适合的列宽"命令。

3）单击"格式"→"单元格"命令，打开"单元格格式"对话框，选择"对齐"选项卡，如图 3-13 所示。在"文本对齐方式"中选择水平对齐、

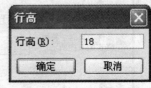

图 3-12　设置行高

垂直对齐均为"居中"，然后单击"确定"按钮。

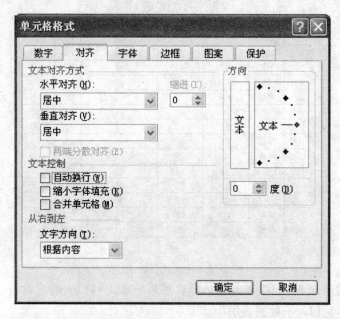

图 3-13　文本对齐方式的设置

4）单击"格式"工具栏中"边框"按钮⊞右侧的下拉按钮，在其中选择"所有框线"。

（4）G3：G16 设置数据保留小数点后 1 位。具体的操作方法为：

拖动选择 G3：G16 单元格区域，选择"格式"→"单元格"命令，打开"单元格格式"对话框，选择"数字"选项卡，在"数值"分类中，设置小数位数为 1，然后单击"确定"按钮(也可直接用工具栏按钮 ⁺⁰⁰ ⁺⁰⁰ 设置,请自行练习)。

（5）将平均分 70 分以下的成绩用黄底红字显示。具体的操作方法为：

仍然选中的 G3：G16 单元格区域，选择"格式"→"条件格式"命令，打开"条件格式"对话框，如图 3-14 所示。设置"条件 1"为"单元格数值"、"小于"、"70"，单击"格式"按钮，在弹出的"单元格格式"对话框中设置为

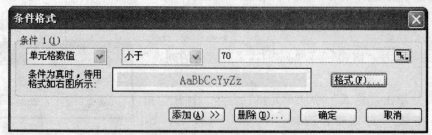

图 3-14　"条件格式"对话框

"黄底红字"，然后单击"确定"按钮。

实验三　建立与编辑图表

【实验目的】

掌握图表的建立、编辑、格式设置等操作。

【相关知识】

1. 复制、移动工作表

（1）同一工作簿下：直接用鼠标拖动。

（2）不同工作簿下：需同时打开要操作的工作簿。

2. 插入图表

（1）"常用"工具栏的"图表向导"按钮 。

（2）"插入"菜单下的"图表"命令。

3. 创建图表

在打开的"图表向导"对话框中按提示依次选择，即可完成图表创建。

4. 编辑图表

（1）选中图表时，会出现"图表"工具栏，可在其中进行编辑。

（2）选中图表时，"数据"菜单自动变为"图表"菜单，可在下拉菜单中选择进行相应设置。

5. 图表的格式设置

图表的格式设计主要包括对标题、图例等重新进行字体、字号、图案、对齐方式等的设置，以及重新设置坐标轴的格式等。

（1）在生成的图表中双击，可以重新编辑相应位置的设置。

（2）在图表上单击鼠标右键，弹出的右键菜单中可以设置图表区格式。

图 3-15　"移动或复制工作表"对话框

【实验内容及步骤】

1. 在文件夹下创建"实验三.xls"工作簿并打开，"实验一.xls"工作簿中用右键单击"成绩单"工作表标签，选择"移动或复制工作表…"，打开"移动或复制工作表"对话框，如图 3-15 所示。将工作表复制到"实验三.xls"工作簿中，关闭"实验一.xls"工作簿。

2. 在"实验三.xls"工作簿中创建如图 3-16 所示的图表。

具体的操作方法为：

1）在"实验三.xls"工作簿的"成绩单"工作表中，单击"常用"工具栏上的"图表向导"按钮![icon]，出现"图表向导"对话框，如图 3-17 所示。

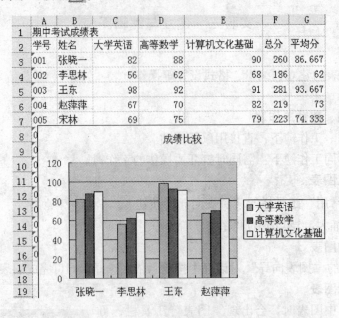

图 3-16   创建图表

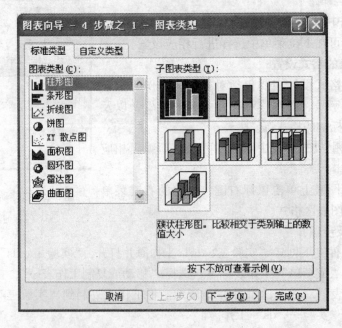

图 3-17   "图表向导"对话框

该步骤中选择图表类型和子图表类型。这里选择默认的"柱形图"中的第一个子图表。单击"下一步"按钮进入"4 步骤之 2"。

2）在步骤 2 中进行数据区域的选择，单击对话框中数据区域右侧的"折叠"按钮 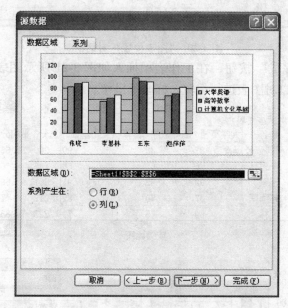，此时对话框暂时"折叠"起来，活动区域回到工作表中，闪烁虚线包围的单元格区域，就是要选择的创建图表的数据区域，可直接用鼠标拖动选择。本实验要创建前 4 位同学的三门课成绩图表，用鼠标拖动选择，注意字段名称也要选择。再单击"折叠"按钮，回到"图表向导"，在对话框的上部，有预览效果，如图3-18 所示。

图 3-18　"源数据"对话框

3）单击对话框"下一步"按钮，进入"4 步骤之 3"，进行"图表选项"的设置，如图 3-19 所示。

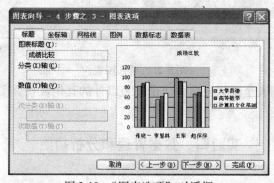

图 3-19　"图表选项"对话框

4）单击"下一步"按钮，进入向导对话框的最后一个步骤，选择创建的图表将要插入的位置，如图3-20所示。

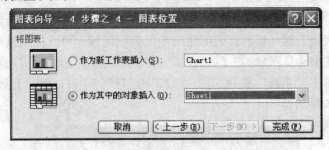

图3-20 "图表位置"对话框

5）单击"完成"按钮，在工作表中插入如图3-21所示图表。此时图表处于选中状态，可以对图表进行编辑、修改等操作。

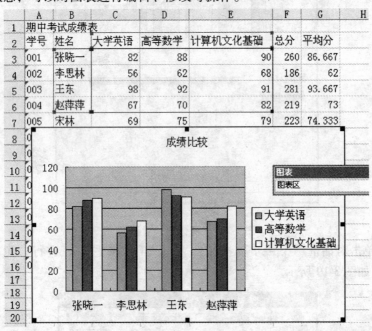

图3-21 插入图表

用鼠标拖动图表至适当位置，单击图表以外的其他位置，实验要求的图表即创建成功。

实验四 数据管理和分析功能

【实验目的】

熟练掌握数据的排序、筛选、分类汇总的操作。

【相关知识】

1. 记录单

用"记录单"对数据清单进行查看、编辑、添加、删除等。

2. 排序

（1）单击要排序字段的任一单元格，通过"常用"工具栏的"升序排序"按钮或"降序排序"按钮进行排序。

（2）在"数据"菜单中选择"排序"命令，在"排序"对话框中设置，可以根据不同关键字进行多级的排序。

3. 筛选

筛选包括自动筛选和高级筛选。

4. 分类汇总

首先要确定数据表格中最主要的分类字段，并对数据排序。

【实验内容及步骤】

1. 在 D 盘"Excel 2003 实验"文件夹下建立名为"实验四.xls"的工作簿，在工作表 Sheet1 中录入以下内容的数据清单，用公式计算出"销售金额"和"现库存量"，如图 3-22 所示。把 Sheet1 的数据清单复制到 Sheet2、Sheet3，使 Sheet1、Sheet2 和 Sheet3 内容相同。

操作方法如下：

在 D 盘"Excel 2003 实验"文件夹下建立名为"实验四.xls"的工作簿，在 Sheet1 中录入如图 3-22 所示的数据清单。单击单元格 F3，输入公式"＝E3＊D3"，计算出"销售金额"，拖动该单元格的填充柄复制公式，计算出所有商品

	A	B	C	D	E	F	G
1				库存表			
2	商品名	牌号	原库存量	销售量	单价	销售金额	现库存量
3	电冰箱	澳柯玛	87	65	2560		
4	电冰箱	格力	114	25	2800		
5	电冰箱	海尔	152	72	2500		
6	电冰箱	海信	76	37	3320		
7	电冰箱	三菱	146	21	3375		
8	电冰箱	松下	57	33	2140		
9	电视机	康佳	121	72	3900		
10	电视机	三星	108	18	6999		
11	电视机	松下	262	118	3700		
12	电视机	夏普	522	130	4300		
13	空调	海尔	32	10	4900		
14	空调	海信	446	220	3700		
15	空调	科隆	304	112	2200		
16	空调	美的	122	21	2400		
17	压力锅	苏泊尔	333	116	599		

图 3-22 实验四工作表

的销售金额。同样在 G3 中计算出"现库存量",使用公式"= C3 - D3",通过填充柄的拖动复制公式,计算出所有商品的"现库存量"。

　　拖动选择 Sheet1 中的 A1:G17 单元格区域,将其分别复制到 Sheet2、Sheet3 工作表。

　　2. 对"实验四.xls"的工作簿中的 Sheet1、Sheet2 和 Sheet3 工作表进行数据管理和分析功能的操作。

　　(1) 对 Sheet1 中的数据清单进行查看、添加、删除等操作。具体的操作方法为:

　　1) 单击工作表 Sheet1,选择 A2:G17 单元格区域,或选中区域内的任一单元格。

　　选择"数据"菜单中的"记录单"命令,出现"Sheet1"记录单对话框,如图 3-23 所示。

　　2) 单击对话框中的"上一条"、"下一条"按钮,可以查看数据清单中的每一条记录;或拖动垂直滚动条,查看数据清单中的每一条记录。

　　3) 单击对话框中的"新建"按钮,输入"电冰箱"、"容声"、"100"、"21"、"2199",单击"关闭"按钮,即添加一条新纪录。回到数据清单中观察记录的添加情况,注意"销售金额"、"现库存量"的情况,体会"公式"在 Excel 中的重要性。

　　4) 打开"Sheet1"记录单对话框,选择一条记录,单击"删除"按钮,将其删除。

图 3-23　"Sheet1"记录单对话框

　　(2) 对 Sheet1 中的数据清单按"销售金额"进行排序。具体的操作方法为:

　　方法一:单击选择工作表 Sheet1,选择数据清单中 F 列的任一单元格,单击"常用"工具栏上的"升序排序"按钮 $\frac{A}{Z}\downarrow$ 或"降序排序"按钮 $\frac{Z}{A}\downarrow$,对 Sheet1 的数据清单按"销售金额"进行排序。

　　方法二:单击 Sheet1 数据清单中 F 列的任意一个单元格,选择"数据"菜单中的"排序"命令,出现"排序"对话框,如图 3-24 所示。在"主要关键字"下拉列表中选择"销售金额"字段名,并且在它的右侧选择"升序"或"降序"单选按钮,单击"确定"按钮即可完成排序。

（3）在 Sheet2 中，通过"自动筛选"方式，筛选出所有"现库存量"大于 50 的商品记录。具体的操作方法为：

1）单击 Sheet2 数据清单中任一单元格，执行"数据"→"筛选"→"自动筛选"命令。观察数据清单的变化。

2）单击 G2 单元格的下拉箭头，选择"自定义…"，弹出"自定义自动筛选方式"对话框，如图 3-25 所示。选择"大于"，输入 50，单击"确定"按钮，筛选出"现库存量"大于 50 的商品记录。

（4）对 Sheet3 中的数据清单按"商品

图 3-24　"排序"对话框

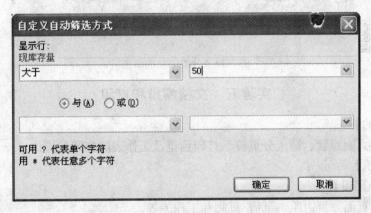

图 3-25　"自定义自动筛选方式"对话框

名"进行排序，统计出各类商品"销售金额"的总和。具体的操作方法为：

1）单击 Sheet3 工作表的数据清单中 A 列的任一单元格，然后单击"常用工具栏"上的"升序排序"按钮 对"商品名"进行排序。

2）选择"数据"菜单中的"分类汇总"命令，弹出"分类汇总"对话框，如图 3-26 所示。

在"分类字段"下拉列表中选择"商品名"，这是要分类汇总的字段名；在"汇总方式"下拉列表中选择"求和"；在"选定

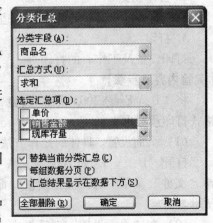

图 3-26　"分类汇总"对话框

汇总项"下拉列表中选中"销售金额"复选框。

3）最后，单击"确定"按钮即可得到分类汇总的结果，如图 3-27 所示。

1 2 3		A	B	C	D	E	F	G
	1					库存表		
	2	商品名	牌号	原库存量	销售量	单价	销售金额	现库存量
	3	电冰箱	澳柯玛	87	65	2560	¥166,400	22
	4	电冰箱	格力	114	25	2800	¥70,000	89
	5	电冰箱	海尔	152	72	2500	¥180,000	80
	6	电冰箱	海信	76	37	3320	¥122,840	39
	7	电冰箱	三菱	146	21	3375	¥70,875	125
	8	电冰箱	松下	57	33	2140	¥70,620	24
	9	电冰箱 汇总					¥680,735	
	10	电视机	康佳	121	72	3900	¥280,800	49
	11	电视机	三星	108	18	6999	¥125,982	90
	12	电视机	松下	262	118	3700	¥436,600	144
	13	电视机	夏普	522	130	4300	¥559,000	392
	14	电视机 汇总					¥1,402,382	
	15	空调	海尔	32	10	4900	¥49,000	22
	16	空调	海信	446	220	3700	¥814,000	226
	17	空调	科隆	304	112	2200	¥246,400	192
	18	空调	美的	122	21	2400	¥50,400	101
	19	空调 汇总					¥1,159,800	
	20	压力锅	苏泊尔	333	116	599	¥69,484	217
	21	压力锅 汇总					¥69,484	
	22	总计					¥3,312,401	

图 3-27 分类汇总的结果

实验五　文档编排和打印

【实验目的】

掌握页面设置、插入分页符、打印预览及工作表的打印等操作。

【相关知识】

1. 页面设置

设置页面、页边距、页眉/页脚和工作表等。

2. 打印预览

查看打印效果及设置页面、页边距等。

3. 打印

打印设置及工作表的打印等。

【实验内容及步骤】

将"D：\ Excel 2003 实验\实验二．xls"中的 Sheet1 工作表以图 3-28 所示的格式打印预览出来。

（1）页面设置。具体的操作方法为：

打开"D：\ Excel 2003 实验\ 实验二．xls"文件，单击 Sheet1 工作表，选择"文件"菜单中的"页面设置"命令，弹出"页面设置"对话框，如图 3-29 所示。

（2）在"页面设置"对话框中，单击"页边距"选项卡，设置页边距与居中方式，如图 3-30 所示。

共1页
2011-3-30

学号	姓名	大学英语	高等数学	计算机文化基础	总分	平均分
期中考试成绩表
005	宋林	69	75	79	223	74.3
006	江建设	76	80	86	242	80.7
007	田甜	74	79	88	241	80.3
008	杨梅	79	77	75	231	77.0
009	张海	88	85	84	257	85.7
010	汪晖云	89	86	89	264	88.0
011	李子琦	69	73	61	203	67.7
012	王东新	92	88	90	270	90.0
013	徐翔	68	65	75	208	69.3
014	单杏	91	86	93	270	90.0

图 3-28　打印预览

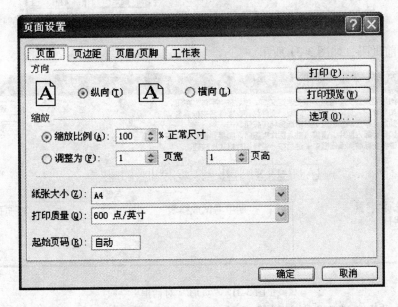

图 3-29　"页面设置"对话框

（3）单击"页眉/页脚"选项卡标签，进行设置。具体的操作方法为：

1）单击"自定义页眉"按钮，出现"页眉"对话框，如图 3-31 所示。在对话框"左"文本框里输入"共"、"页"，两字中间，单击"页眉"对话框的"总页数"按钮；按"回车"键换行，单击"日期"按钮插入当前日期。

2）在对话框"中"文本框中，单击"页眉"对话框中输入文字"期中考试成绩表"。

3）在对话框"右"文本框中，单击"页眉"对话框中"页码"按钮，

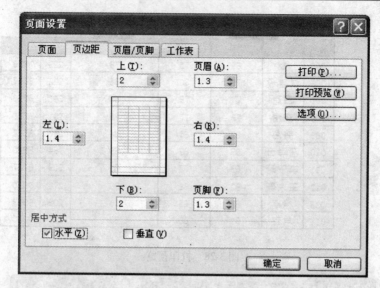

图 3-30　页边距设置

插入当前页码，如图 3-31 所示。

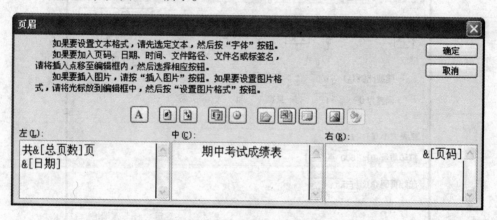

图 3-31　"页眉"对话框

4）单击"确定"按钮，返回到"页面设置"对话框。（同样方法可以设置页脚）

（4）设置工作表，单击"工作表"选项卡标签进行设置。具体的操作方法为：

1）选择"打印区域"为 A7: G16。

2）选择"打印标题"区中的·"顶端标题行"为 $2:$2。

3）选择"打印顺序"中的单选按钮"先行后列"。

4）单击"确定"按钮，如图 3-32 所示。

（5）打印预览。具体的操作方法为：

回到 Sheet1 工作表，选择"文件"菜单中的"打印预览"命令，观察设置

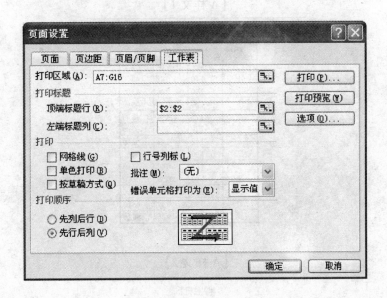

图 3-32　工作表打印设置

的是否与要求一致。

练习使用其他功能。

第三单元　上机操作题

1. Excel 操作题 A

参照【A 样文 1】，按如下要求操作：

（1）设置单元格格式：

1）将标题中的文字移至 B2 单元格中。

2）标题格式。字体：黑体；字号：16；对齐方式：跨列居中；底纹：浅黄色（颜色的第 5 行第 3 列）。

3）将表格中数据单元格区域设置为数值格式（不含序号一列），保留两位小数，右对齐，其他单元格内容居中。

4）设置表格边框线：按照样文为表格设置相应的边框格式（外粗内细）。

（2）重新命名工作表：将 Sheet1 工作表重命名为"相关性记录"。

（3）将"相关性记录"工作表复制到 Sheet2 工作表中。

（4）按照【A 样文 2】中的图表，使用"间隔"和"正常值"两列数据，在 Sheet1 中建立图表。

（5）保存为"姓名-A. xls"。

【A 样文 1】

	A	B	C	D	E	F
1						
2		物体运动频率相关性记录				
3		序号	间隔	正常值	频率	
4		1	1.50	0.48	40.00	
5		2	1.40	0.46	43.00	
6		3	1.30	0.45	46.00	
7		4	1.25	0.44	48.00	
8		5	1.20	0.44	50.00	
9		6	1.12	0.42	52.00	
10		7	1.10	0.41	54.50	
11		8	1.05	0.40	57.00	
12		9	1.00	0.39	60.00	
13		10	0.95	0.38	63.00	
14		11	0.90	0.37	66.00	
15		12	0.85	0.36	66.50	
16						

【A 样文 2】

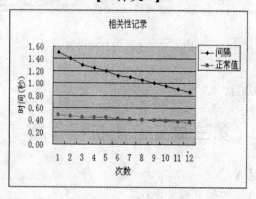

2. Excel 操作题 B

参照【B 样文 1】设置工作表及表格，按如下要求操作。

（1）新建"姓名-B. xls"文件。

（2）设置工作表行、列。

1）在标题下插入一行；在最左侧插入一列。

2）参照【B 样文 1】输入内容。

（3）设置单元格格式。

1）标题中"（单位:10 亿美元）"移至 B3 单元格；并设置字体为宋体，字号为 10 号。

2）合并 B3: G3 单元格，内容右对齐。

3）设置标题格式。字体：楷体，字号：16；跨列居中。

4）设置单元格格式。将表格中的数据单元格区域设置为数值格式，保留 2

位小数，右对齐；其余单元格内容居中。

（4）设置表格边框线：按【B 样文 1】设置边框线。

（5）定义单元格名字：将"计算机"单元格的名称定义为"个人电脑"。

（6）重新命名工作表：将 Sheet1 工作表重新命名为"信息市场"。

（7）复制工作表：将"信息市场"工作表复制到 Sheet2 工作表中。

（8）设置打印标题：在 Sheet2 表格中的"通信"一行前插入分页线，将标题和副标题设置为打印标题。

（9）建立图表：（可参照【B 样文 2】）选中创建图表所需要的"通信"一行的数据。创建一个数据点折线图并加上相应的标题及坐标轴的标题。

【B 样文 1】

欧洲信息技术市场					
				(单位：10亿美元)	
项目		1993	1994	1995	1996
计算机	硬件	72.40	76.30	81.60	86.40
	软件	31.30	33.80	36.80	40.00
	服务	60.20	63.90	68.70	73.60
通信		190.00	202.70	217.50	235.10

【B 样文 2】

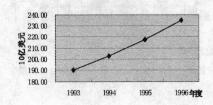

通信市场

3. Excel1 操作 C

（1）按照【样文 C-1】，制作电子表格，并保存为"姓名-C. xls"。

（2）设置单元格格式。

1）标题格式。字体：隶书；字号：18，粗体；跨列居中；底纹：浅黄。

2）表头和表格左端两列格式。按样文设置居中或跨列居中；表头两行底纹：浅绿。

3）"甲方案"3 行设置。底纹：红色；字体颜色：白色。"乙方案"3 行设置：底纹：青绿；字体颜色：深蓝。

4）数据格式。"概率"2 列数据设置为百分比格式，右对齐；"利润"2 列数据设置为会计专用格式，应用货币符号，右对齐。

（3）设置表格边框线按样文为表格设置相应的边框线，其中外框为双线，标题行上、下两行均为粗实线。

(4) 定义单元格名称将"甲方案"单元格名称定义为"首选方案"。

(5) 复制工作表将此表复制到 Sheet2 表中，并命名为预测分析。

(6) 使用表格的第 1、2 列文字和"利润"2 列中的数据创建一个独立的簇状柱形图，如【样文 C-2】所示，图表名字默认。

【样文 C-1】

营销决策分析					
方案	市场情况	第一年		第二年	
		概率	利润	概率	利润
甲方案	较好	30%	￥6,000	20%	￥8,000
	一般	50%	￥5,000	60%	￥6,000
	较差	20%	￥4,000	20%	￥5,000
乙方案	较好	10%	￥5,000	20%	￥7,000
	一般	60%	￥3,000	70%	￥5,000
	较差	30%	￥1,000	10%	￥2,000

【样文 C-2】

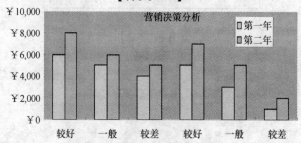

4. Excel 操作 D

(1) 设计【样文 D-1】所示的电子表格。在标题下插入一行，行高为 12。

(2) 将"人民商场"一行移到"东方商场"一行之前。

(3) 将表格外边框加粗，第二行和第六行的下边框用双线条。

(4) 标题格式。字体黑体，字号 20，加粗，跨列居中；单元格底纹，颜色：浅绿色，图案：6.25% 灰色；字体颜色：深蓝。

(5) 单元格内数据使用货币符号，右对齐，其他内容居中。

(6) 使用"单位名称"和"服装"两列的文字和数据(不含"总计"行的文字和数据)创建一个【样文 D-2】所示的三维柱状图形，图表为非嵌入式，起名为"销售计划"。将此工作簿起名为"姓名-D.xls"。

(7) 将原工作表按照"合计"一列由低到高的排列，并将排序后的工作表保存为"姓名-排序.xls"中。

【样文 D-1】

总公司 02 年销售计划

序号	单位名称	服装	鞋帽	电器	化妆品	合计
1	东方商场	￥75,000.00	￥144,000.00	￥786,000.00	￥293,980.00	
2	人民商场	￥81,500.00	￥285,200.00	￥668,000.00	￥349,500.00	
3	幸福大厦	￥68,000.00	￥102,000.00	￥563,000.00	￥165,770.00	
4	平价超市	￥51,500.00	￥128,600.00	￥963,000.00	￥191,500.00	
	总计					

【样文 D-2】

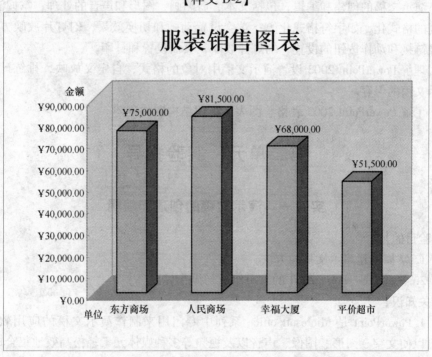

第四章 文稿演示软件 PowerPoint 2003

第一单元 学习要点

掌握 PowerPoint 2003 窗口的基本组成，PowerPoint 2003 提供的各种视图的特点，演示文稿的创建和编辑，包括文本、剪贴画、图形和声音的处理；掌握演示文稿的格式化，如字符格式化等；学会设置动画和切换效果，幻灯片放映方式，超级链接和动作按钮的设置，幻灯片放映，页面设置和打印。

理解 PowerPoint 2003 设置演示文稿中对象的格式，自定义放映，排练计时，演示文稿的保存。

了解 PowerPoint 2003 表格、图表、组织结构图的创建。

第二单元 实验指导

实验一 演示文稿的创建和编辑

【实验目的】

1. 掌握创建演示文稿的方法。
2. 熟悉 PowerPoint 2003 的窗口组成与操作界面。

【相关知识】

1. PowerPoint 是 Microsoft office 系列中专门用来制作演示文稿的应用软件。它可以使文字、图形、图像、声音以及视频等多种媒体元素轻松高效地集合成演示文稿，方便用户的表达。

2. PowerPoint 2003 窗口

在工作界面中，由上而下主要包括标题栏、菜单栏、工具栏、工作区、视图按钮部分、绘图栏和状态栏等。

3. PowerPoint 2003 视图

软件提供了五种视图方式，帮助用户创建演示文稿。其中最常用的是普通视图和幻灯片浏览视图。通过 PowerPoint 2003 窗口左下方的按钮可在不同视图之间轻松完成转换。

【实验内容及步骤】

1. PowerPoint 2003 的启动、退出和视图

（1）启动方法。可以选择下列方法之一启动 PowerPoint 2003：

1）执行"开始"→"程序"→"Microsoft PowerPoint 2003"菜单命令。

2）双击桌面上的快捷图标 。

3）双击任意 PowerPoint 2003 文稿，启动应用程序并打开相应文稿。

（2）退出方法。可以选择下列方法之一退出 PowerPoint 2003：

1）执行"文件"→"退出"菜单命令。

2）单击 PowerPoint 2003 标题栏右上角的"关闭"按钮 。

3）双击窗口左上角的控制菜单按钮 。

4）直接按"Alt + F4"组合键。

（3）视图和快速切换。PowerPoint 2003 提供了"普通视图"、"大纲视图"、"幻灯片浏览视图"、"幻灯片放映视图"和"幻灯片视图"五种方式，可在程序窗口左下方通过按钮 快速切换。

2. PowerPoint 2003 的窗口组成

PowerPoint 2003 的窗口组成，如图 4-1 所示。

图 4-1　PowerPoint 2003 窗口的组成

3. 基本操作

（1）创建演示文稿。具体的操作方法为：

执行"文件"菜单→"新建"菜单命令，如图 4-2 所示。可根据下列方式之一创建新的演示文稿。

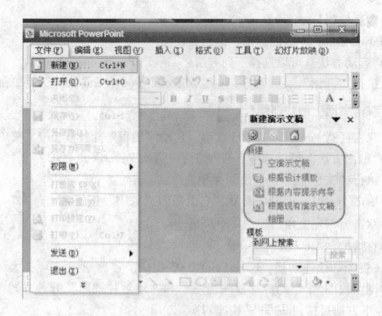

图 4-2　创建演示文稿

1）空演示文稿：不含任何建议内容和设计模板，等同于单击常用工具栏
按钮。

2）根据设计模板：先选择设计模板，统一外观和部分格式，再编辑内容如
图 4-3 所示。

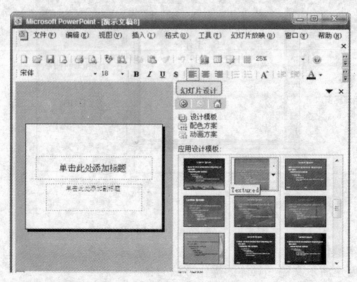

图 4-3　根据设计模板创建幻灯片

3）根据内容提示向导：通过向导建立文稿示范，如图 4-4 所示。

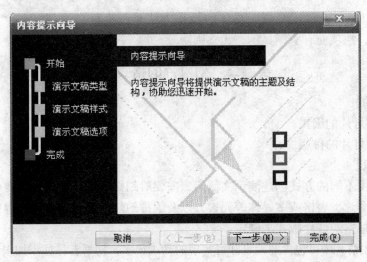

图 4-4　根据内容提示向导创建幻灯片

（2）保存文稿。执行"文件"→"保存"／"另存为"菜单命令，指定保存位置、文件名、保存类型三方面内容，或在常用工具栏单击 按钮，如图 4-5 所示。

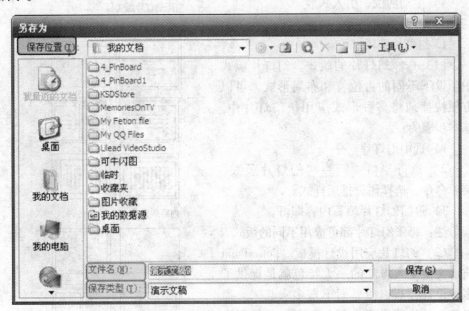

图 4-5　演示文稿的保存

（3）打开文稿。具体的操作方法是：执行"文件"→"打开"菜单命令，或在常用工具栏中单击 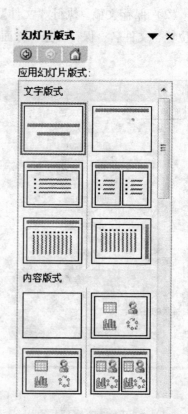 按钮。

（4）显示/隐藏工具栏。具体的操作方法是：执行"视图"→"工具栏"菜单命令，选项前有√则显示，无√则隐藏。

实验二　幻灯片的格式化

【实验目的】

　　1. 幻灯片的编辑。

　　2. 幻灯片的排版。

【相关知识】

　　在利用不同的方式创建演示文稿后，需要对幻灯片进行编辑。主要包括：添加文字、图片、表格或多媒体等元素，以及编排幻灯片等。幻灯片内容的添加和编辑则要根据幻灯片版式来确定。

　　由于幻灯片中可包含的元素和可实现的动画很多，初学者往往添加很多效果而使得幻灯片显得杂乱无章。一般来说，遵循以下原则即可制作出合适的演示文稿。

　　1）主题鲜明，文字简练。

　　2）结构清晰，逻辑性强。

　　3）和谐醒目，美观大方。

　　4）生动活泼，引人入胜。

【实验内容及步骤】

　　1. 幻灯片编辑

　　（1）选择幻灯片的版式。幻灯片版式中预设了不同的占位符和布局形式，可以方便快捷地将多种形式应用于幻灯片中。基本步骤为：

　　1）选中幻灯片。

　　2）执行"格式"→"幻灯片版式"菜单命令，选择预设排版样式。

　　3）返回幻灯片填写内容即可。

　　注：每张幻灯片都可应用不同的版式。

　　（2）幻灯片应用设计模板。PowerPoint演示文稿受人青睐的一大特色就是提供了多种设计模板，使界面丰富多彩起来。通过统一的格式设置、配色方案、背景图案等，可以快速地使幻灯片风格统一。基本步骤为：

图 4-6　"幻灯片版式"任务窗格

1）选中所需幻灯片。

2）执行"格式"→"幻灯片设计"菜单命令，打开"幻灯片设计"任务窗格。

3）鼠标指向要应用的模板，单击模板图标上出现的下拉箭头，在菜单中选择"应用于选定幻灯片"命令，则将所选模板应用到所有被选中的幻灯片上，该模板中的格式和颜色会自动加入到幻灯片中，如图 4-6 所示。

4）若想将一个设计模板应用到当前演示文稿的所有幻灯片上，则直接单击应用模板图标即可，如图 4-7 所示。

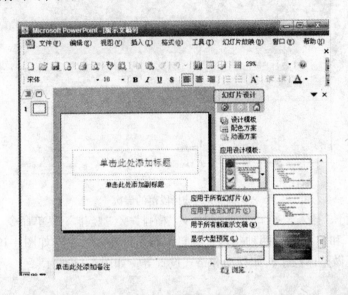

图 4-7　设计模板的选择

（3）幻灯片更换背景。具体的操作方法为：执行"格式"→"背景"菜单命令，弹出"背景"对话框，如图 4-8 所示。按要求对各项进行设置，其中：

1）其他颜色、填充效果：将背景改变成纯色、渐变色、纹理、图案或者自定义图片。

2）忽略母版的背景图形：完全丢弃预设的"设计模板"和"母版"格式。

3）应用：本次设置只应用于被选中的幻灯片。

4）全部应用：应用于演示文稿中所有的幻灯片。

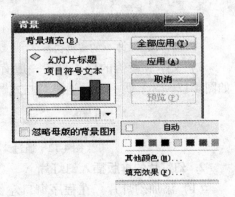

图 4-8　"背景"对话框

（4）幻灯片中文字的输入和排版。具体的操作方法为：

1）确定了幻灯片版式后，可用鼠标单击占位符输入文字。通过"格式"→"项目符合和编号"菜单命令，可将文本段落分为最多五层级别，使内容更显条理性，如图 4-9 所示。

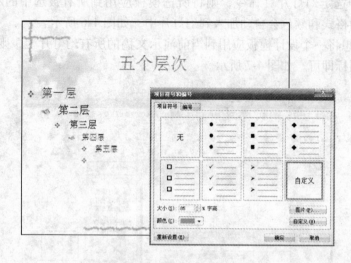

图 4-9   选择段落的层次

2）执行"插入"→"文本框"→"横排"／"竖排"菜单命令。文本框分为"编辑"和"选中"两种状态，编辑状态下可输入文本，如图 4-10 所示；选中状态下可做整体操作，如移动和格式设置等，如图 4-11 所示。

图 4-10   文本框的编辑状态   图 4-11   文本框的选中状态

3）文本和段落的格式设置一般有两种方式：一种是通过"格式工具栏"，如图 4-12 所示；另一种是通过"格式"菜单，如图 4-13 所示。

图 4-12   通过"格式工具栏"设置

2. 幻灯片的排版插入幻灯片

（1）添加幻灯片。在程序窗口左侧的幻灯片视图中，先选中一张幻灯片。执行下列三种方法之一都可以在选中位置的下面添加一张新幻灯片。

1）直接按"回车"键。

2）执行"插入"→"新幻灯片"菜单命令。

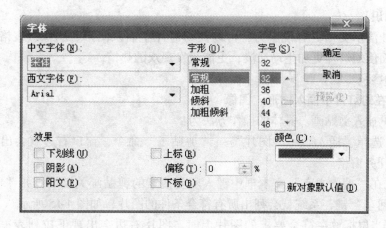

图 4-13　通过"格式"→"字体"命令

3）单击"格式工具栏"上的"新幻灯片"按钮 。

（2）删除幻灯片。只要选中要删除的幻灯片，选择"编辑"→"删除幻灯片"菜单命令或按"Delete"键即可。如果误删除了某张幻灯片，可单击常用工具栏的"撤消"按钮 恢复。

（3）移动幻灯片。在程序窗口左侧的幻灯片视图中，单击选中要移动的幻灯片，按住鼠标左键拖动幻灯片到需要的位置即可。目标位置由一条细实线进行指示，如图4-14所示。

（4）复制幻灯片。具体的操作方法为：

1）单击选中需要复制的幻灯片，在右键快捷菜单中选择"复制"命令。

2）单击目标位置的前一张幻灯片，在右键快捷菜单中选择"粘贴"命令。也可将原幻灯片复制到目标位置的下一张位置，或其他演示文稿中。注：只有在幻灯片浏览视图或大纲视图下才能使用复制与粘贴的方法。

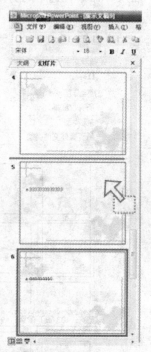

图 4-14　移动幻灯片

实验三　图形、图像、图表等的插入

【实验目的】

1. 掌握在幻灯片中插入图形、图像、表格、图表等。
2. 掌握超级链接的插入方法。

【相关知识】

为让演示文稿更有说服力，可以在幻灯片中插入图形、图像、表格、图表等，从而使幻灯片更加生动活泼，更能激发观众的热情。

【实验内容及步骤】

1. 在幻灯片中插入图形、图像

（1）插入剪贴画。具体的操作方法为：

1）选择"插入"→"图片"→"剪贴画"命令，窗口右边就会出现"剪贴画"任务窗格。

2）在"搜索文字"文本框中键入所要搜索的剪贴画关键词，如"flower"，并按"回车"键，系统就会列出所有符合条件的图片，如图 4-15 所示。

3）当鼠标放在符合要求的图片上时，图片右边会出现下拉列表框，选择"插入"命令，选中的剪贴画就被添加到幻灯片中了，如图 4-16 所示。

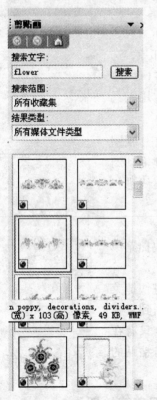

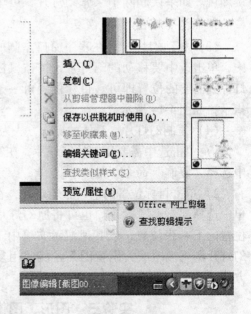

图 4-15　搜索剪贴画　　　　图 4-16　在幻灯片中插入选中的剪贴画

（2）插入自选图片。具体的操作方法为：

1）选择"插入"→"图片"→"来自文件"命令，弹出"插入图片"对话框，可以在其中查找图形文件，如图 4-17 所示。

图 4-17　"插入图片"对话框

2）选定所需的图形文件后，单击"插入"按钮，即可将图片添加到幻灯片中。

2. 在幻灯片中插入表格

在占位符中插入表格对象的操作步骤为：

1）新建或者选中要插入表格对象的幻灯片。

2）打开"新幻灯片"任务窗格，在其中选中含有表格占位符的版式。

3）目标幻灯片将被设置成相应版式，如图 4-18 所示。

4）占位符中显示了"双击此处添加表格"字样，如图 4-19 所示，双击该占位符，将会弹出"插入表格"对话框，如图 4-20 所示。

5）在"插入表格"对话框中设置表格的行列数，然后单击"确定"按钮，就可以在表格占位符中插入一个基本表格对象。

3. 在幻灯片中插入图表

（1）在新建幻灯片中插入图表。具体的操作方法如下：

1）单击"文件"→"新建"命令，打开"新幻灯片"任务窗格。

2）打开"新幻灯片"任务窗格，在其中选择带有图表占位符的版式，如图 4-21 所示。

3）此时的幻灯片中显示了"双击此处添加图表"的提示，双击该提示，将会弹出带有样本图表的幻灯片，如图 4-22 所示。

4）在样本数据表中输入自己的数据，就可以创建一个简单的图表。

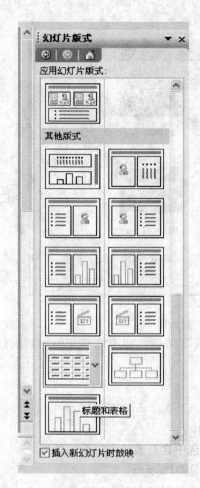

图 4-18　选择幻灯片版式

图 4-19　　选择带有表格占位符的版式

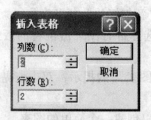

图 4-20　插入表格

图 4-21　选择带有图表占位符的版式

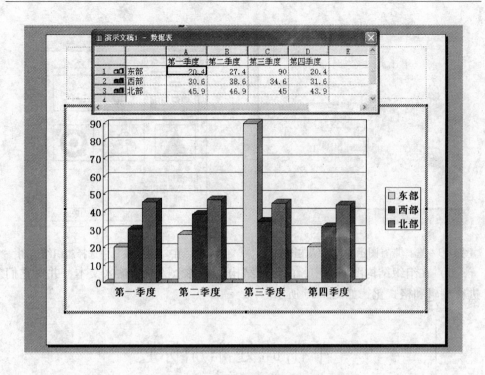

图 4-22　打开带有样本图表的幻灯片

（2）在当前幻灯片中插入图表。具体的操作方法如下：

1）选择要插入图表的幻灯片。

2）单击"插入"→"图表"命令，或在"常用"工具栏中单击"插入图表"按钮。

4. 插入组织结构图

在 PowerPoint 2003 中创建一个组织结构图有两种方法：一种方法是在演示文稿中插入一个带有组织结构图占位符的新幻灯片。另外一种方法是在已有的幻灯片上插入一个组织结构图。

（1）创建一个带有组织结构图的新幻灯片。创建组织结构图的最简便的方法是利用含有组织结构图占位符的自动版式来创建幻灯片，操作方法如下：

1）创建新的演示文稿或在原有的演示文稿中建立新幻灯片。

2）单击"格式"→"幻灯片版式"命令，打开"幻灯片版式"任务窗格。

3）在单击选定的包含组织结构图的版式缩图，在空白幻灯片上应用此版式，此时的幻灯片，如图 4-23 所示。

4）双击组织结构图的图框，在"图示库"中选择组织结构图，如图 4-24 所示。

图 4-23 选择带有图示或组织结构图的版式　　图 4-24 在"图示库"中选择组织结构图

5）在组织结构图窗口中，向组织结构图的各个图框中输入文本，并对它们进行编辑和格式化，如图 4-25 所示。

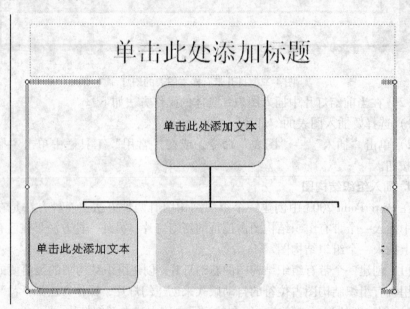

图 4-25 在组织结构图窗口中编辑

（2）向已有的幻灯片中插入组织结构图。当用户随便打开一个幻灯片，或是新建一个没有组织结构图占位符的幻灯片时，要想插入一个组织结构图，操作方法如下：

1）首先选择要插入组织结构图的幻灯片，选择"插入"→"图片"→"组织结构图"命令。

2）向组织结构图的各个图框中输入文本，并且编辑、格式化文本。

5. 插入声音、视频

选择要插入声音、视频的幻灯片，选择"插入"→"影片和声音"命令，如图 4-26 所示。

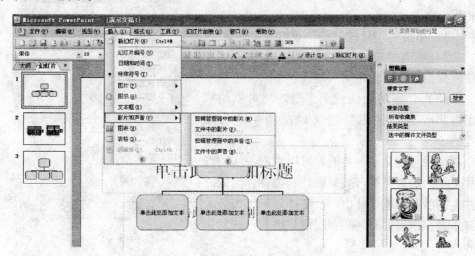

图 4-26　插入声音、视频

实验四　动画设置和放映技术

【实验目的】

1. 掌握幻灯片的动画设置。

2. 掌握幻灯片的放映方法。

【相关知识】

使用自定义动画，可以对同一张幻灯片上不同的对象进行效果设计和编排，对各个对象出现的时间及播放时的声音等进行特别的设计。

【实验内容及步骤】

1. 设置动画效果

演示文稿和幻灯片讲义都设计好以后，下一步就要准备幻灯片的放映了。PowerPoint 2003 提供了多种动画效果，用户既可以为幻灯片设置动画，也可以为幻灯片中的对象设置动画效果。

（1）幻灯片切换。PowerPoint 2003 提供了许多幻灯片切换效果，利用这些效果，即使是初学者也可以很快制作出幻灯片的动画效果。具体的操作方法如下：

1）首先制作一个幻灯片。

2）选择"幻灯片放映"→"幻灯片切换"命令，出现幻灯片切换对话框，如图 4-27 所示。

3）用户可根据需要自由选择，如"盒状收缩"效果；也可以选择速度，在下拉列表框选择"快速"、"中速"或"慢速"；用户还可以在声音下拉列表框中选择相关声音，如"照相机"等。

4）单击"幻灯片放映"观看效果。

5）单击"应用于所有幻灯片"命令可以使所有幻灯片使用相同的切换效果。

（2）对象的动画效果。幻灯片对象的进出效果是通过使用自定义动画功能进行设置的。

使用自定义动画功能，可以对同一张幻灯片上不同的对象进行效果设计和编排，为幻灯片上的所有对象设计出一个整体效果，为各个对象设计出现的时间和在幻灯片播放时的动画和声音效果。

自定义动画操作如下：

1）选择要自定义动画的对象。

2）选择"幻灯片放映"→"自定义动画"命令，在右边显示出"自定义动画"任务窗格。

3）选择幻灯片中要设置动画的对象。

4）单击"添加效果"按钮，如图 4-28 所示。

5）选择对象开始的时间、方向和速度，如图 4-29 所示。

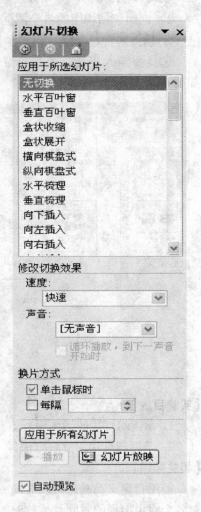

图 4-27 "幻灯片
切换"对话框

6）可以对对象进行重新排序，播放每一个对象的动画，也可以浏览整个幻灯片放映，仔细观察幻灯片中设置的动画效果，如图 4-30 所示。

7）放映幻灯片。

8）按键盘上的"Esc"键返回幻灯片视窗。

2. 设置超级链接

在演示文稿中添加超链接，可以在放映当前幻灯片时跳转到其他文稿、Word 文档、Excel 工作薄或 Internet 上的网址等。文稿中的对象创建超链接后，当鼠标移到该对象时将出现超链接的标志(鼠标呈小手状)，单击该对象则激活

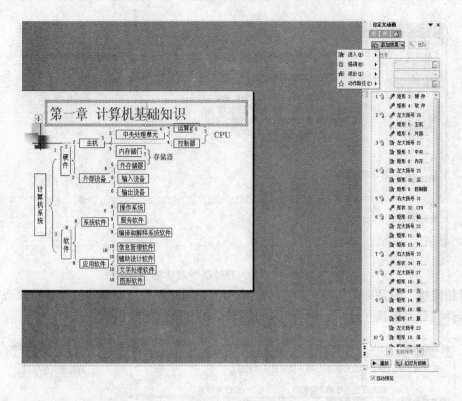

图 4-28 添加效果

超链接，跳到创建链接的对象。

（1）用"超链接"命令创建链接。用"超链接"命令创建链接的操作步骤如下：

1）先选中该文字，再在菜单栏上选择"插入"→"超链接"命令。打开"插入超链接"对话框，如图 4-31 所示。

2）"插入超链接"对话框中的"链接到："列表框用于链接跳转到文档、应用程序和 Internet 地址。

在"查找范围"下拉列表框中，单击指定的幻灯片标题或通过"书签"按钮找到幻灯片的标题，最后单击"确定"按钮。

（2）编辑和删除超链接。要编辑或删除超链接时，选定已有链接对象并单击鼠标右键，在弹出快捷菜单中选择"编辑超链接"选项，打开"编

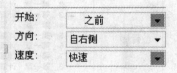

图 4-29 选择对象
开始的时间、方向和速度

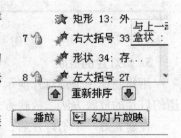

图 4-30 重新排序对象

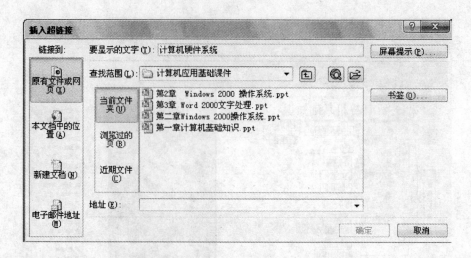

图 4-31 "插入超链接"对话框

辑超链接"对话框，如图 4-32 所示。在打开的对话框中可对现有链接进行修改，选择"删除链接"选项，则可以将此对象上的超链接删除。

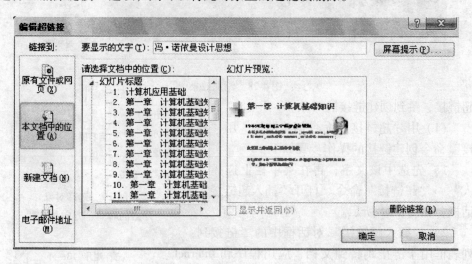

图 4-32 "编辑超链接"对话框

3. 幻灯片的放映

用户制作一个幻灯片演示文稿，目的是放映给其他人看。因此，用户必须知道幻灯片的放映方法、放映方式以及如何才能设置一个合适的幻灯片放映方式。

在建立好一个幻灯片后，有以下两个方法进行播放。

方法一：选择"幻灯片放映"→"观看放映"命令，就可以进入播放状态。用户可以用快捷键"F5"播放幻灯片；或单击"幻灯片放映"按钮 　 进行幻灯片放映。

方法二：在"视图"菜单中选择"幻灯片放映"命令也可以进行幻灯片的放映。

（1）幻灯片放映的方式。幻灯片放映的方式主要有以下几种：

1）自行浏览。这种方式适用于运行小规模的演示。在这种方式下，演示文稿会出现在小型窗口内，并提供命令，使得用户在放映的时候能够移动、编辑、复制和打印幻灯片。

2）演讲者放映。这种放映方式是最常用的方式，是将演示文稿进行全屏幕放映，通常用于演讲者放映演示文稿时。演讲者具有完整的控制权，可采用自动或者人工方式来进行放映；并可对演示文稿进行修改、添加、录下旁白等。

3）在展台浏览。选择此项可自动运行演示文稿。如果展台或其他地点需要在无人管理的情况下放映幻灯片，可以通过此方式。将演示文稿设置在放映幻灯片时，展台浏览方式下大多数菜单和命令都不可用，并且在每次放映完毕后需重新启动放映。

（2）设置幻灯片放映方式的方法。具体的操作方法如下：

1）选择"幻灯片放映"→"设置放映方式"命令，打开"设置放映方式"对话框，如图 4-33 所示。

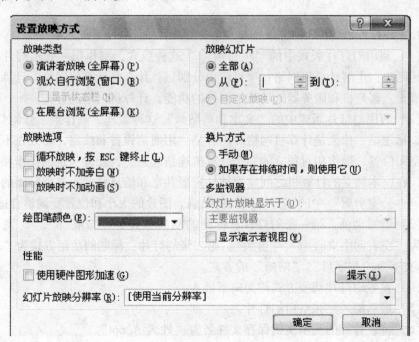

图 4-33 "设置放映方式"对话框

2）在"放映类型"框中有三个选项，"演讲者放映（全屏幕）"、"观众自行浏览（窗口）"、"在展台放映（全屏幕）"，可用来设置放映的模式。

3）在"放映选项"框中有"循环放映，按 Esc 键终止"、"放映时不加旁白"和"放映时不加动画"，可用来设置放映幻灯片时的屏幕方式；用"绘图笔颜色"列表框来选择绘图笔颜色。

4）在"放映幻灯片"选项组中可以选择放映哪些幻灯片。"全部"：选择该选项将放映当前演示文稿中的所有幻灯片；"从…到…"：在两个空白框中输入起始幻灯片的序号和末尾幻灯片的序号，就可以指定放映几张幻灯片。

5）在"换片方式"框中，有两个选项："手动"和"如果存在排练时间，则使用它"。一般应选择第二项，但是如果要增强对幻灯片的控制，则可选择第一个选项。

6）如果使用多个监视器放映幻灯片，在"多监视器"框中设置好放映方式。

7）在"性能"框中设置是否用硬件进行加速和设置放映时的分辨率。

8）设置好放映方式后单击"确定"按钮，就可以放映了。

第三单元　　上机操作题

1. PowerPoint 2003 部分——A

（1）利用幻灯片版式中的"项目清单"这种版式，制作第一张幻灯片。其中，标题为：了解计算机网络；项目清单分别是：什么是计算机网络？计算机网络发展史，客户机和服务器，计算机网络的功能，计算机网络的分类。

（2）利用幻灯片版式中的"文本和剪贴画"这种版式，制作第二张幻灯片。其中，标题是：什么是计算机网络。内容是：用通信设备和线路，将处在不同地方和空间位置、操作相对独立的多个计算机连结起来，再配置一定的操作和应用软件，在原本独立的计算机之间实现软件资源共享和信息传递。在剪贴画的位置插入"办公室剪辑"中的"计算机"剪贴画。图片的大小和位置要调整合适。

（3）设置动画。第一张幻灯片：标题的动画方式为"自底部"、"飞入"；文本为"左右向中央收缩"、"劈裂"。第二张幻灯片：标题的动画方式为"自左侧"，文本为"按字母"、"溶解"的方式。

（4）设置幻灯片切换方式均为向下插入。

（5）最后插入一张空白幻灯片。

（6）将设计好的演示文稿保存文件名为"姓名-A. ppt"。

2. PowerPoint 2003 部分——B

建立名为"姓名-B. ppt"的幻灯片文稿，内容为本学期的感受、期望。要求内容不少于三张幻灯片，动画种类应用三种以上(写一种最想学习的软件)。

3. PowerPoint 2003 部分——C

(1) 在第一张空白的幻灯片中插入如下所示的组织结构图。

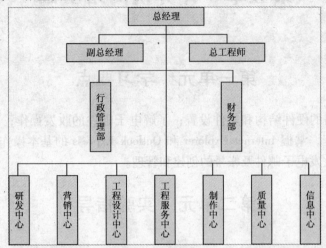

(2) 插入一张新的幻灯片，并把这张新幻灯片的背景设成"水滴"纹理。

(3) 在此幻灯片上加一个文本框，内容为"PowerPoint"。

(4) 将上述新加入的文本框内容设置为"加粗"、"48"号。

(5) 将此幻灯片的切换效果设置为"水平百叶窗"，速度为"中速"，切换声音为"快门"。

(6) 保存为文件"姓名-C. ppt"。

第五章　计算机网络基础

第一单元　学习要点

了解网络的硬件结构和软件设置；了解电子邮件的收发操作；了解 Internet 网的入网过程，掌握 Internet Explorer 和 Outlook Express 的基本操作，熟练浏览 Web 网页和收发电子邮件及帐号的创建和管理。

第二单元　实验指导

实验一　Internet Explorer 的基本操作与设置

【实验目的】

1. 掌握拨号属性的设置方法。
2. 掌握设置 TCP/IP 属性的方法。
3. 熟悉在拨号网络中创建与 ISP 连接的主要过程。
4. 了解 IE 的基本设置。

【相关知识】

使用 WWW 浏览器上网，首先要连接到 Internet，需要根据实际情况进行相关设置。可以有多种方式连接到 Internet：电话拨号上网、ISDN、ADSL 等。

【实验内容及步骤】

1. 拨号网络

（1）创建一个拨号连接。通过"Internet 连接向导"创建一个"连接 163"的连接。

（2）拨号上网。通过电话线与 Internet 进行连接。假设用户名为"8163"，密码为"8163"，进行拨号上网操作。

注：这里输入的用户名及密码只有通过到 ISP（Internet 服务提供商）正式办理才有效。

2. IE 的基本设置

（1）在使用 IE 浏览 Web 之前，了解 IE 基本设置。

（2）在控制面板中通过对 Internet 属性：常规、安全、内容、连接等一些选项的内容进行设置。

1)"常规"选项的设置。

将用户要访问的主页设置为 http：//www. 163. com/。

- 将 Interner 临时文件所占磁盘空间设置为 128MB。
- 查看磁盘上的 Internet 临时文件。
- 删除 Internet 临时文件。
- 将浏览过的网页保存在计算机上的天数设置为 5 天。

2)安全选项卡的设置。查看及适当调整 Web 区域的安全级别，并放弃所作的修改。

3)"内容"选项卡的设置。"内容"选项卡设置的目的主要是为保护未成年人不受网络上有关暴力、色情等的危害。

4)"连接"选项卡的设置。设置拨号上网空闲的时限为 15 分钟。

实验二　使用搜索引擎查找信息

【实验目的】

1. 学会常用的搜索引擎的使用方法。

2. 学会在网络上查询信息的方法。

【相关内容】

1. 搜索引擎的概念

搜索引擎（Search Engines）是在网上查找信息的工具，通过收集大量的信息源，经过语义分析，把有价值的信息存在服务器上。当用户提出查询请求时，根据输入的查询串，对本地信息按一定算法和策略进行匹配，最终将匹配结果反馈给用户。搜索引擎的最简单的方法是：允许用户输入单词或词组，在单击"查找"按钮后，可以看到包含所输入单词或词组的其他站点的列表。

很多网站上都有搜索的功能，这些网站上的搜索功能是建立在某些搜索引擎的基础上的。不同网站提供的实际应用中的搜索引擎，其搜索技术与功能不同。

2. 搜索引擎的使用方法

（1）按关键字进行查找。在搜索栏中输入关键字。如输入"计算机"，单击"查找"命令，搜索引擎就会把有关"计算机"的网站的信息列出来。多个关键词之间只需用空格分开。如查找"计算机发展的历史"，只需在搜索框中输入"计算机发展 历史"而不必输入"计算机发展 and 历史"。

（2）按信息的类别进行查找。单击搜索引擎中的分类项目，如查找"休闲娱乐"，就会列出各类休闲娱乐的项目，再单击其中的某个项目，则进一步列出更详细的项目，反复操作直到找出所需的信息。

（3）将前两种方法综合。按类别查找和关键字查找相结合：一般是先按类别确定范围，再按关键字进一步缩小查找范围，直至找到所需要的信息。

【实验内容及步骤】

1. 利用 Google 搜索"计算机发展历史"的相关信息

（1）搜索入门：搜索包含单个关键字的信息。

打开 http：//www. Google. com 搜索："计算机发展历史"，如图 5-1 所示。

图 5-1　搜索"计算机发展历史"的相关信息

结果：已搜索有关搜索引擎的中文（简体）网页。共约有 11,600,000 条查询结果。搜索结果绝大部分链接是搜索引擎本身。

通过单个关键字"计算机发展历史"搜索得到的信息浩如烟海，而绝大部分可能并不符合用户的要求，因此需要进一步缩小搜索范围和结果。

（2）初阶搜索：搜索结果要求包含两个及两个以上关键字。

一般搜索引擎需要在多个关键字之间加上"　"，而 Google 无需用明文的""来表示逻辑"与"操作，只要使用空格就可以了。现在，假定用户需要了解一下计算机发展历史，因此期望搜得的网页上有"计算机发展"和"历史"两个关键字。

搜索所有包含关键词"计算机发展"和"历史"的中文网页，使用："计算机发展 历史"，如图 5-2 所示。

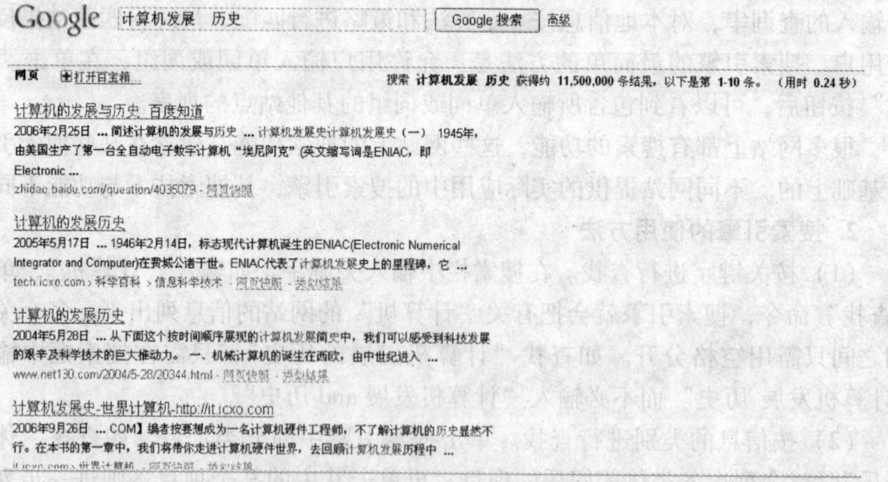

图 5-2　搜索"计算机发展　历史"的结果

结果分析：用了两个关键字后，查询结果已经从 11,600,000 条减少到 11,500,000 条。但查看一下搜索结果，有的结果还是不符合要求，部分网页涉及的"历史"，并不是用户所需要的"计算机发展的历史"。

删除与计算机发展不相关的"历史"。可以发现，这部分无用的资讯，总是和"文化"这个词相关的，另外一些常见词是"中国历史"、"世界历史"、"历史书籍"等。

（3）搜索结果要求不包含某些特定信息。Google 用减号"－"表示逻辑"非"操作。"A-B"表示搜索包含 A 但没有 B 的网页。

练习：搜索所有包含"计算机发展"和"历史"但不含"文化"、"中国历史"和"世界历史"的中文网页。

搜索："计算机发展 历史-文化-中国历史-世界历史"，如图 5-3 所示。

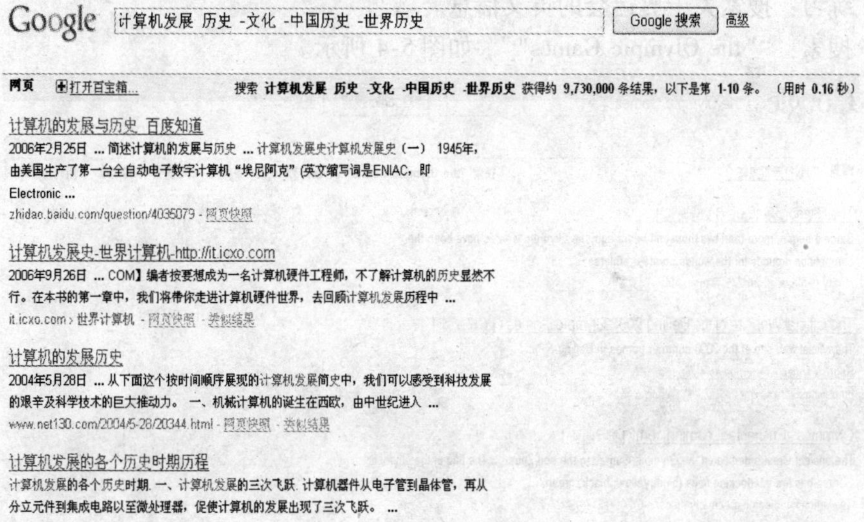

图 5-3　搜索"计算机发展 历史-文化-中国历史-世界历史"的结果

结果分析：已搜索有关"计算机发展 历史-文化-中国历史-世界历史"的中文（简体）网页。共约有 9,730,000 项查询结果，

注意：这里的空格"　"和"－"号，是英文字符，而不是中文字符。此外，操作符与作用的关键字之间，不能有空格。例如"计算机发展 － 文化"，搜索引擎将视为关键字为"计算机发展"和"文化"的逻辑"与"操作，中间的"－"被忽略。

（4）搜索结果至少包含多个关键字中的任意一个。Google 用大写的"OR"表示逻辑"或"操作。搜索"A OR B"，意思就是说，搜索的网页中，要么有 A，要么有 B，要么同时有 A 和 B。

注意："与"操作必须用大写的"OR"，而不是小写的"or"。

2. 杂项语法

（1）通配符问题。很多搜索引擎支持通配符号，如"＊"代表一连串字符，"？"代表单个字符等。Google 对通配符支持有限。它目前只可以用"＊"来替代单个字符，而且包含"＊"必须用""引起来。例如，""以＊治国""，表示搜索第一个为"以"，末两个为"治国"的四字短语，中间的"＊"可以为任何字符。

（2）关键字的字母大小写。Google 对英文字符大小写不敏感，如"GOD"和"god"搜索的结果是一样的。

（3）搜索整个短语或者句子。Google 的关键字可以是单词（中间没有空格），也可以是短语（中间有空格）。但是，用短语做关键字，必须加英文引号，否则空格会被当做"与"操作符。

练习：搜索关于奥运会的英文信息。

搜索：""the Olympic Games""，如图 5-4 所示。

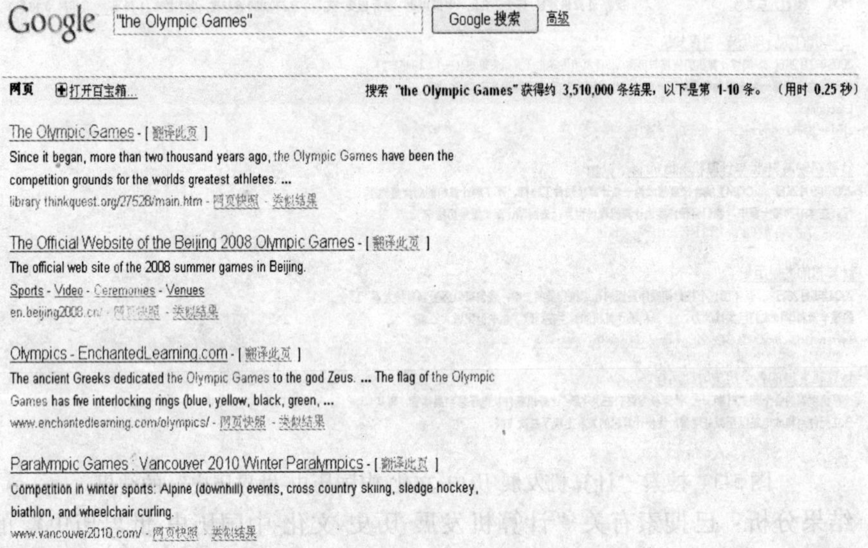

图 5-4 搜索"the Olympic Games"结果

（4）搜索引擎忽略的字符以及强制搜索。Google 对一些网络上出现频率较高的英文单词，如"i"、"com"、"www"等，以及一些符号如"＊"、"."等，作忽略处理。

练习：搜索关于 www 起源的一些历史资料。

搜索："www 的历史 internet"，如图 5-5 所示。

结果：搜索"www 的历史 internet"，但搜索引擎把"www"和"的"都省略了。于是上述搜索只搜索了"历史"和"internet"。这显然不符合要求。这里

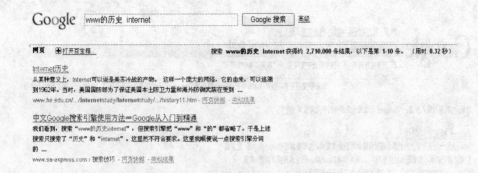

图 5-5　搜索 "www 的历史 internet" 的结果

顺便说一点搜索引擎分词的知识。当用户在搜索 "www 的历史" 的时候，搜索引擎实际上把这个短语分成三部分，"www"、"的" 和 "历史" 分别来检索，这就是搜索引擎的分词。所以尽管用户输入了连续的 "www 的历史"，但搜索引擎还是把这个短语当成三个关键字分别检索。

如果要对忽略的关键字进行强制搜索，则需要在该关键字前加上明文的 "+" 号。

搜索："+www+的历史 internet"，如图 5-6 所示。

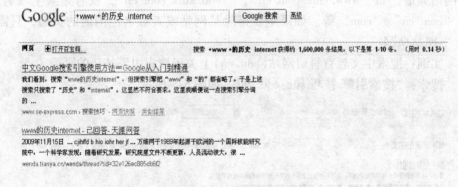

图 5-6　搜索："+www+的历史 internet" 结果

结果：关键字中已看到 www。

另一个强制搜索的方法是把上述的关键字用英文双引号引起来。例如，第一次世界大战 "world war I" 中，"I" 其实也是忽略词，但因为被英文双引号引起来，搜索引擎就强制搜索这一特定短语。

搜索：""www 的历史"internet"，如图 5-7 所示。

可以看到，这一搜索事实上把 "www 的历史" 作为完整的一个关键字。显然，包含这样一个特定短语的网页并不是很多，不过，每一项都很符合要求。

注意：大部分常用英文符号(如问号、句号、逗号等)无法成为搜索关键字，加强制也不行。

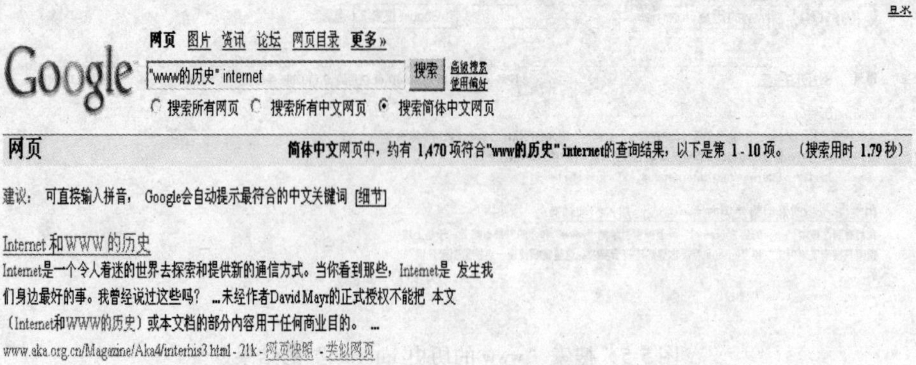

图 5-7　搜索 ""www 的历史"internet" 结果

3. 进阶搜索

上面已经探讨了 Google 的一些最基础搜索语法。通常而言，这些简单的搜索语法已经能解决绝大部分问题了。不过，如果想更迅速、更准确地找到需要的信息，用户还需要了解更多的东西。

（1）对搜索的网站进行限制。"site"表示搜索结果局限于某个具体网站或者网站频道，如 "www. sina. com. cn"、"edu. sina. com. cn"，或者是某个域名，如 "com. cn"、"com" 等。如果是要排除某网站或者域名范围内的页面，只需用 "-网站/域名"。

实训：搜索中文教育科研网站（edu. cn）上关于搜索引擎技巧的页面。

搜索："搜索引擎 技巧 site：edu. cn"，如图 5-8 所示。

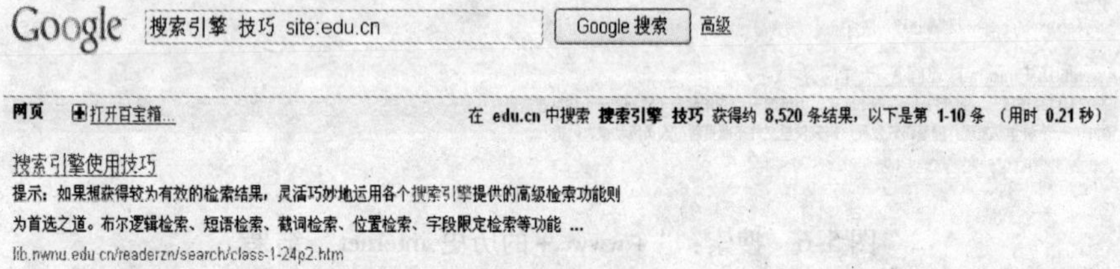

图 5-8　搜索 "搜索引擎 技巧 site：edu. cn" 结果

实训：搜索新浪关于搜索引擎技巧的信息。

搜索："搜索引擎 技巧 site：news. sina. com. cn"，如图 5-9 所示。

注意：site 后的冒号为英文字符，而且，冒号后不能有空格，否则，"site："将被作为一个搜索的关键字。此外，网站域名不能有 "http：//" 前缀，也不能有任何 "/" 的目录后缀；网站频道则只局限于 "频道名. 域名" 方式，而不能是 "域名/频道名" 方式。

（2）在某一类文件中查找信息。"filetype："是 Google 开发的非常强大实用

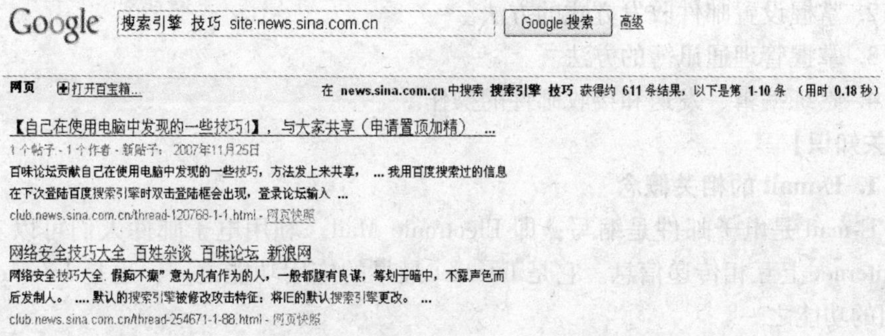

图5-9　搜索"搜索引擎 技巧 site：news. sina. com. cn"结果

的一个搜索语法。也就是说，Google 不仅能搜索一般的文字页面，还能对某些二进制文档进行检索。目前，Google 已经能检索微软的 Office 文档，如 . xls、. ppt、. doc、. rtf，WordPerfect 文档，Lotus1-5-3 文档，Adobe 的 . pdf 文档，ShockWave 的 . swf 文档(Flash 动画)等。其中最实用的文档搜索是 PDF 搜索。PDF 是 Adobe 公司开发的电子文档格式，现在已经成为互联网的电子化出版标准。目前 Google 检索的 PDF 文档大约有 2500 万左右，大约占所有索引的二进制文档数量的 80%。PDF 文档通常是一些图文并茂的综合性文档，提供的资讯一般比较集中全面。

　　练习：搜索几个资产负债表的 Office 文档并且文档扩展名为 . doc 和 . xls。

　　因为资产负债表的 Office 文档主要的文档有 . doc、. xls、. ppt。所以，搜索："资产负债表 filetype：doc OR filetype：xls OR filety：ppt"，如图5-10 所示。

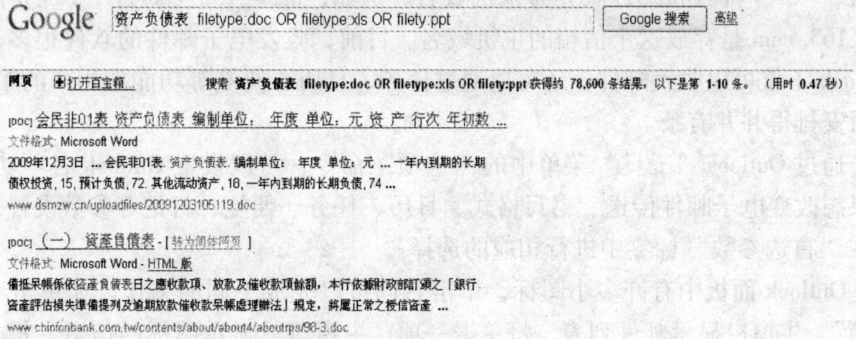

图5-10　搜索："资产负债表 filetype：doc OR filetype：xls OR filety：ppt"结果

实验三　电子邮件基本操作

【实验目的】

1. 掌握设置电子邮件帐号的操作过程。

2. 掌握设置邮件收发方式的方法。

3. 掌握管理通讯簿的方法。

4. 熟练编辑、发送和接收邮件的操作。

【相关知识】

1. E-mail 的相关概念

E-mail 是电子邮件是缩写，即 Electronic Mail。利用电子邮件人们可以实现在 Internet 上互相传递信息。它是 Internet 最早的应用功能之一，也是 Internet 最常用的功能之一。

E-mail 的发送需要通过发送邮件的服务器，并遵守"简单的邮政传递协议 (Simple Mail Transfer Protocol, SMTP)"。这个协议是 TCP/IP 族中的一部分，它描述了邮件的格式及传输时应如何处理，而信件在两台计算机之间传输仍采用 TCP/IP。

接收 E-mail 需要通过读取信件服务器，并遵守"邮局协议第三版 Post Office Protocol 3，POP3)"。这个协议是 TCP/IP 族中的一部分，它负责接收 E-mail。

在 Internet 上发送和接收 E-mail 的过程，与普通邮政信件的传递与接收过程十分相似。邮件并不是从发送者的计算机上直接发到接收者的计算机上，而是通过 Internet 上的邮件服务器进行中转。

2. Outlook 的相关概念

在使用 Outlook 收发电子邮件之前，用户首选需要在一台邮件服务器上申请注册用户和口令，获得自己的电子邮件地址。电子邮件的地址由三部分组成：用户名、"@"符号和邮件服务器主机域名。例如，bgs@163.com 中，bgs 是用户名，163.com 是存放这个信箱的主机域名。目前，收发电子邮件的软件很多，但 Outlook 不仅可以收发邮件，还可以通过任务、日历、便笺等功能把用户的工作、生活安排得井井有条。

通过 Outlook "工具"菜单中的"选项"命令，可以设置 Outlook 各项功能。如果想改变电子邮件传送、书写格式、日历、任务、便笺、日记等参数设置，可以在"首选参数"标签中进行相应的选择。

Outlook 面板中有许多小图标，单击它们可以完成不同的工作，如单击"收件箱"，主窗口显示邮件列表。每单击一项，主窗口就显示图标的信息，每一项任务，都有一个默认的显示方式，如想改变显示方式，可以单击"视图"→"当前视图"命令。不同的任务，当前视图中选项不一样。右击面板可以设置新的快捷方式。

【实验内容及步骤】

1. 电子邮件帐号的建立

（1）申请免费邮箱。下面以申请网易免费邮箱为例，说明申请邮箱的主要步骤：

1）在"网易免费邮箱"中申请一个免费邮箱，在地址栏中输入"http：//email．163．com"，打开申请免费邮箱界面，如图5-11所示。

图5-11　申请免费邮箱界面

2）单击"立即注册"命令，出现注册个人信息界面，如图5-12所示。

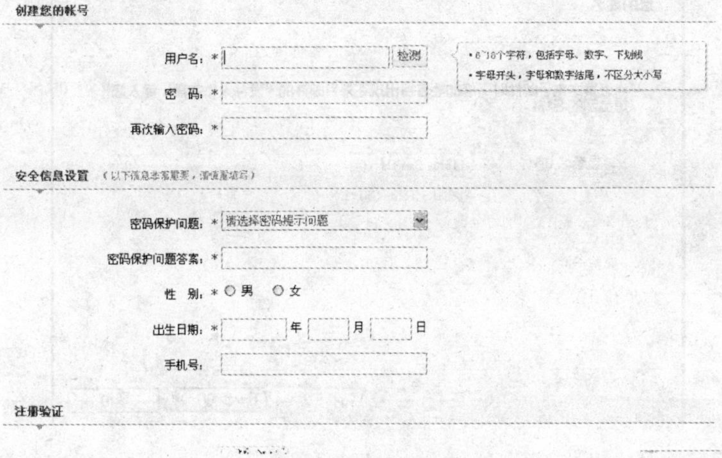

图5-12　注册个人信息界面

（2）在Outlook中添加免费邮箱的帐户。在收发电子邮件之前，必须添加邮件帐户，在Outlook中添加免费电子邮箱的帐户，电子邮箱的地址"用户名@126．com"。

在Outlook中，添加一个邮件帐号的操作步骤如下：

1）单击"工具"→"帐户"命令，打开"Internet帐号"对话框，如图5-13所示。

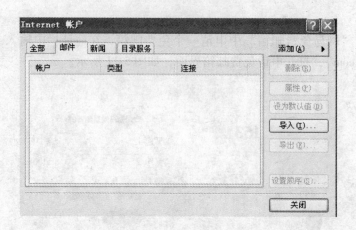

图 5-13　"Internet 帐号"对话框

2）选择"邮件"选项卡，单击"添加"按钮，在弹出的子菜单中选择"邮件"。这时窗口内显示出"Internet 连接向导"对话框，在其中输入姓名作为发送邮件时显示的"发件人"姓名，如图 5-14 所示。

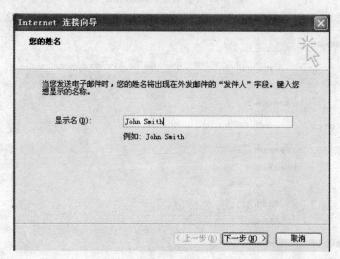

图 5-14　"Internet 连接向导"对话框

3）单击"下一步"按钮，在弹出的对话框中输入已经存在的一个电子邮件地址，如图 5-15 所示。

接着单击"下一步"按钮，在打开的对话框内输入接收邮件服务器的地址和发送邮件服务器的地址，如图 5-16 所示。

继续单击"下一步"按钮，接着在对话框内输入邮箱的帐户名和密码，如图 5-17 所示。

4）单击"下一步"按钮，"Internet 连接向导"将显示设置完成的字样，如

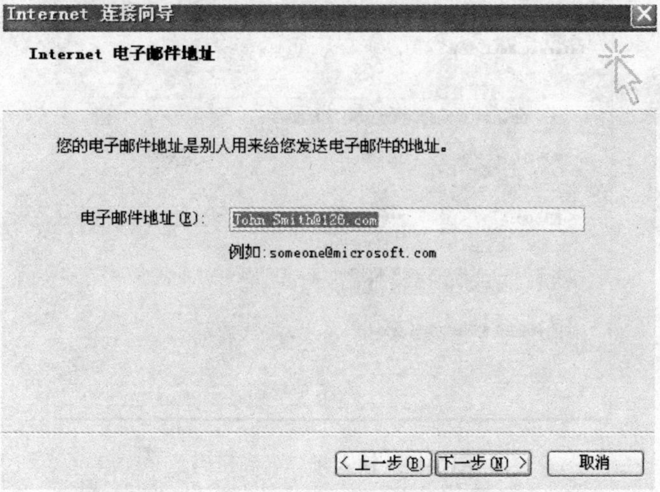

图 5-15 输入已经存在的一个电子邮件地址

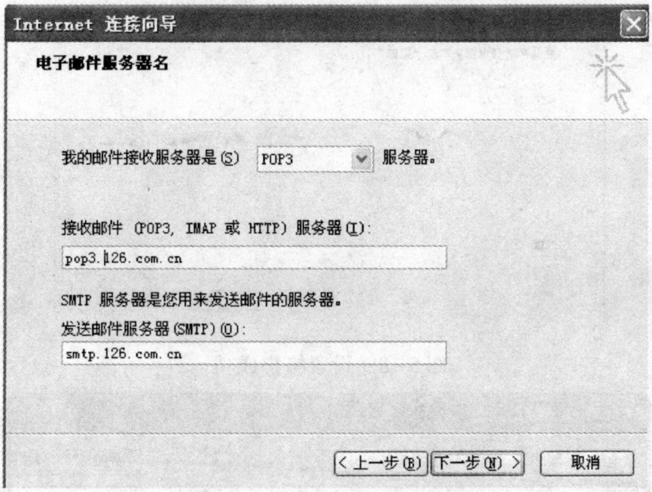

图 5-16 输入邮件服务器名

图 5-18 所示。

单击"完成"返回到"Internet 帐号"对话框,可以看到在"邮件"选项卡内多了一项刚才添加的邮件帐户,如图 5-19 所示。

2. 管理通讯簿

为通讯簿添加新的联系人"主任"(电子邮件地址为 bgs@ 163. com)和组"信息系"(组员 6 人)。单击"工具"菜单中的"通讯簿"命令,打开"通讯簿-主标识"对话框,如图 5-20 所示。

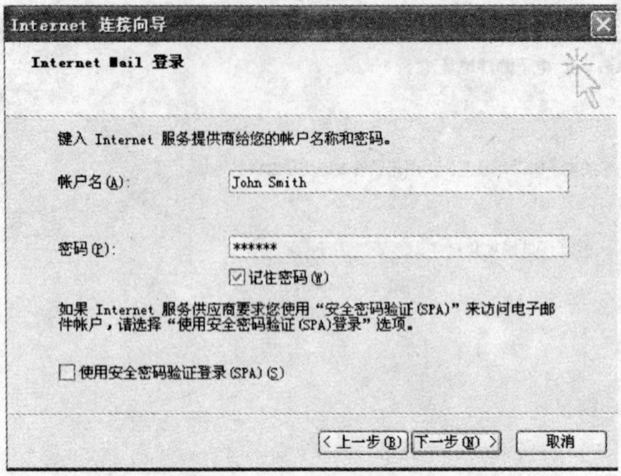

图 5-17 输入帐户名和密码

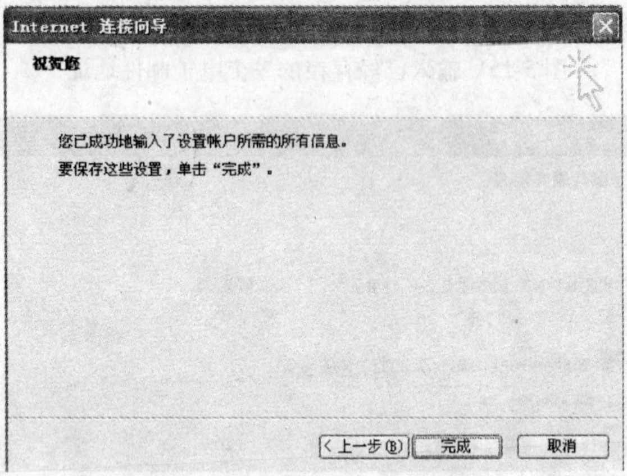

图 5-18 设置帐户成功

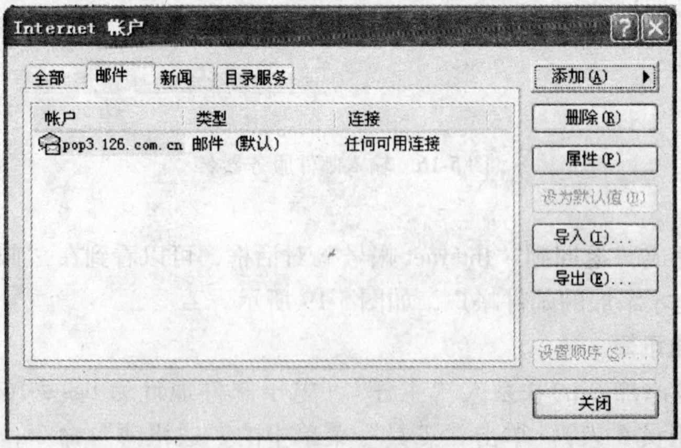

图 5-19 添加新的邮件帐号

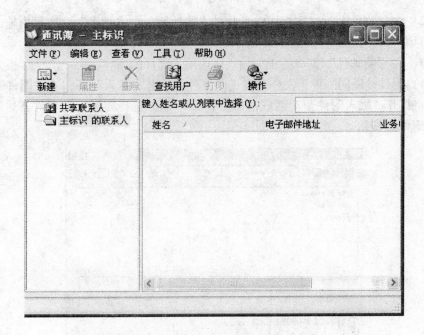

图 5-20　为通讯簿添加新的联系人和组

3. 撰写与发送邮件

撰写与发送邮件的具体操作方法为：

1）单击工具栏中的"新邮件"按钮，弹出如图 5-21 所示的"新邮件"窗口。

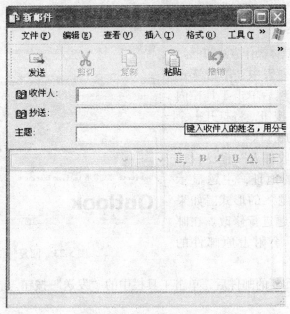

图 5-21　"新邮件"窗口

2）在"收件人"文本框内输入收件人的地址，在"抄送"文本框内输入邮件同时发送到的地址，如图 5-21 所示。

3）在"新邮件"窗口的正文输入区内输入邮件的内容。

4）附件是随同邮件正文一起发送的文件，单击"插入"→"文件附件"命令，将打开"插入附件"对话框，如图 5-22 所示。选择要插入的文件，然后单击"附件"按钮。

图 5-22 "插入附件"对话框

5）邮件撰写好之后，单击"发送"按钮，该邮件将即刻发送到指定的地址。

4. 回复邮件

回复邮件的具体操作方法如下：

1）在邮件列表中，单击选定要回复的邮件，然后单击工具栏内的"回复作者"按钮，将打开一个如图 5-23 所示的窗口。

2）其中"收件人"框已自动填上了收件人的地址，主题显示"Re：原邮件主题"的形式。如果需要，可以对主题进行修改。在邮件的正文区内，会附上原邮件的内容。

图 5-23 回复邮件

3）写完要回复的邮件后，单击工具栏中的"发送"按钮。

第三单元 上机操作题

1. 以自己的名字为发件人，向 wllx@126. com 邮箱发一封电子邮箱，主题为"词"。正文内容如下：

三国志

滚滚长江东逝水，浪花淘尽英雄。

是非成败转头空。

青山依旧在，几度夕阳红。

白发渔樵江渚上，惯看秋月春风。

一壶浊酒喜相逢。

古今多少事，都付笑谈中。

2. 在 Outlook 中建立一个名为"邮件"的新帐户：

（1）显示姓名设置为你的姓名。

（2）电子邮件地址为 jsjjc@163. com。

（3）接收邮件服务器地址：pop. 163. com，发送邮件服务器地址：smtp. 163. com。

第六章　信息安全和职业道德

第一单元　学习要点

了解计算机信息安全的范畴；掌握计算机信息安全技术和网络安全技术；熟悉计算机病毒及特征，病毒的防护和清除方法；了解计算机犯罪的概念，计算机职业道德及其基本范畴，软件知识产权及相关法规。理解计算机信息面临的威胁和计算机犯罪的类型和手段。了解信息技术的发展趋势。

第二单元　实验指导

实验一　瑞星杀毒软件的安装和使用

【实验目的】

1. 掌握瑞星杀毒软件的安装。
2. 掌握瑞星杀毒软件的查杀设置。

【相关知识】

随着网络和移动存储设备的广泛应用，病毒已无处不在，并以迅猛的速度不断扩大队伍。为了保护计算机安全，杀毒软件成为重要的必备工具。目前常见的杀毒软件有瑞星杀毒软件、金山杀毒软件、诺顿杀毒软件、卡巴斯基杀毒软件、360 杀毒软件等。本章实验内容以瑞星杀毒软件为例，介绍安装和使用杀毒软件的一般操作。

1. 瑞星杀毒软件的简介

作为一款专门查杀网络流行病毒的工具软件，瑞星不断改进技术、推陈出新，新近推出了一款基于瑞星"云安全"系统设计的杀毒软件。深度应用"云安全"的全新木马引擎、"木马行为分析"和"启发式扫描"等技术保证了将病毒拦截和查杀。再结合"云安全"系统的自动分析处理病毒流程，能第一时间快速将未知病毒的解决方案实时提供给用户。

2. 安装要求

（1）软件环境。Windows 操作系统：Windows XP/2003/Vista 以及 Windows 7/Server 2008。

（2）硬件环境。

1）非 Vista 标准。

CPU：500MHz 及以上。

内存：256MB 系统内存及以上，最大支持内存 4GB。

显卡：标准 VGA，24 位真彩色。

其他：光驱、鼠标。

2）Vista 标准。

CPU：1.0GHz 及以上 32 位（x86）或 64 位（x64）。

内存：512MB 系统内存及以上，最大支持内存 4GB。

显卡：标准 VGA，24 位真彩色。

其他：光驱、鼠标。

【实验内容及步骤】

1. 瑞星全功能安全软件 2010 的安装

购买正版光盘或从官方网站 http：//www. rising. com. cn/下载软件。双击安装程序，软件会自动解压，如图 6-1 所示（如果计算机中已安装了其他杀毒软件，建议卸载并重启后进行安装）。

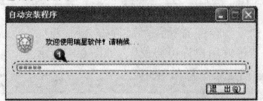

图 6-1　安装程序启动后，软件会自动解压

1）首先选择语言。瑞星软件支持三种语言（中文简体、中文繁体和英文），如图 6-2 所示。

图 6-2　单击"确定"按钮继续

2）开始安装，如图 6-3 所示。

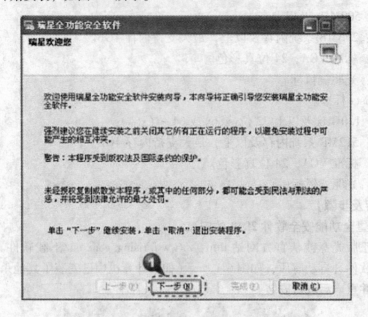

图 6-3　查看信息后，单击"下一步"

3）仔细阅读"最终用户许可协议"，如图 6-4 所示。

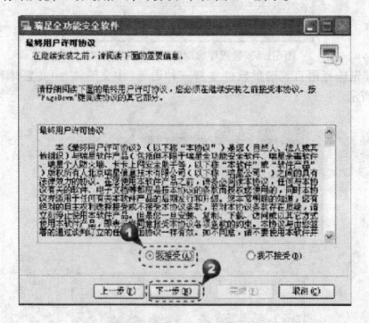

图 6-4　选择"我接受"，单击"下一步"

4）输入产品序列号和用户 ID 号，如图 6-5 所示。

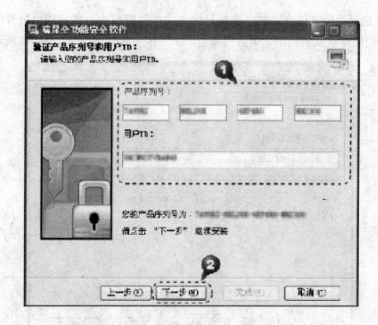

图 6-5 输入正确的"产品序列号"和"用户 ID 号",单击"下一步"

5) 根据实际需要,选择安装组件,如图 6-6 所示。

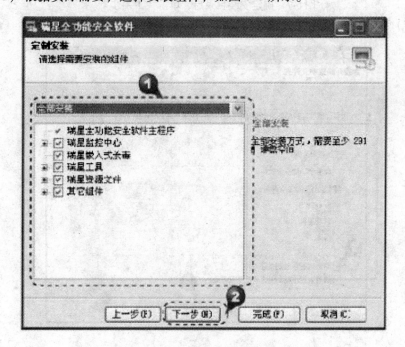

图 6-6 选定组件,单击"下一步"

6）选择目标文件夹。在"选择目标文件夹"窗口中，指定瑞星软件的安装目录。如果使用默认安装目录，可直接单击"下一步"按钮继续，如图 6-7 所示。

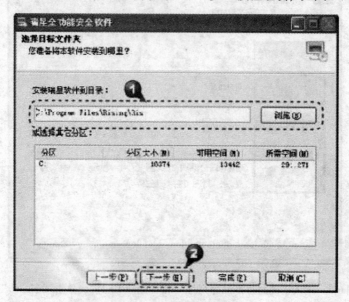

图 6-7　确定安装目录后，单击"下一步"

7）选择开始菜单文件夹，如图 6-8 所示。

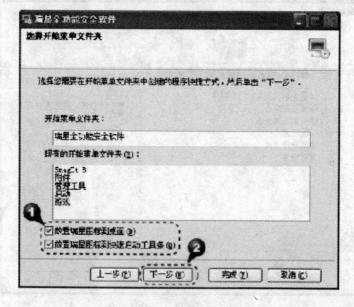

图 6-8　确定快捷方式放置位置，单击"下一步"

8）确认安装信息。在"安装信息"窗口中，请确认安装信息是否正确，如图6-9所示。

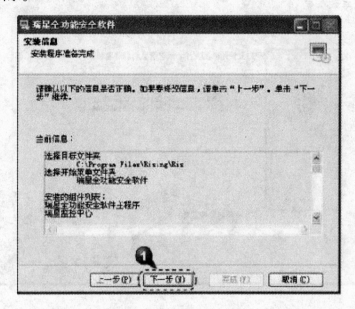

图6-9 安装信息

9）程序安装过程，如图6-10所示。

图6-10 安装过程

10）重新启动，如图6-11所示。

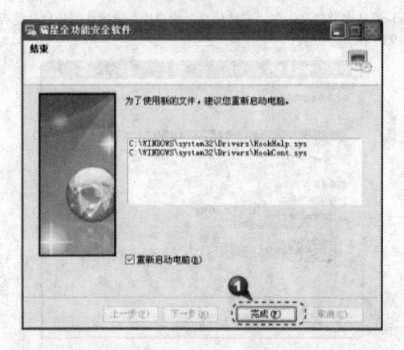

图 6-11　单击"完成"并重新启动，完全结束安装过程

2. 查杀设置

瑞星全功能安全软件提供了：手动查杀、空闲时段查杀、开机查杀、嵌入式查杀等多种查杀方式。

（1）手动查杀。在"自定义级别"中，可以对安全级别进行设置，单击"恢复默认级别"将恢复软件的出厂设置，单击"应用"或"确定"按钮保存用户的全部设置。以后程序在扫描时即根据此级别的相应参数进行病毒扫描，如图 6-12 所示。

（2）空闲时段查杀。用户可以设置空闲时间的查杀任务，充分利用屏保时间查杀或特定时间进行文件查杀，如图 6-13 所示。

（3）嵌入式查杀。瑞星全功能安全软件支持对 Lotus Notes、Office/IE、Outlook 进行嵌入式查杀，同时也支持在主流的下载工具和 IE 软件工具中进行嵌入式查杀，如图 6-14 所示。

（4）开机查杀。选择以硬盘、系统盘、Windows 系统目录和所有服务和驱动为查杀对象。

3. 软件升级

提高安全软件防御度的重要方式就是定时升级。瑞星可以通过互联网智能升级，或网站下载升级包升级。

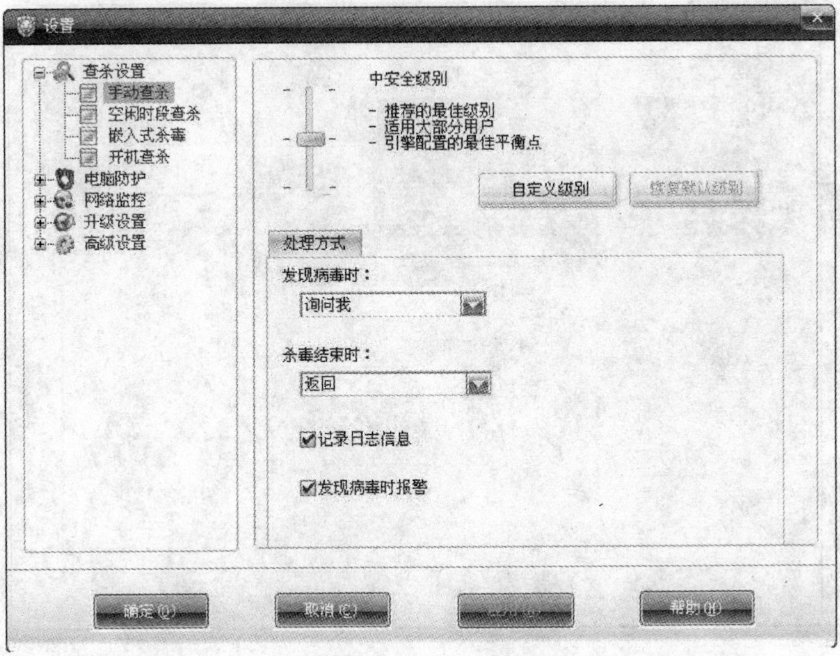

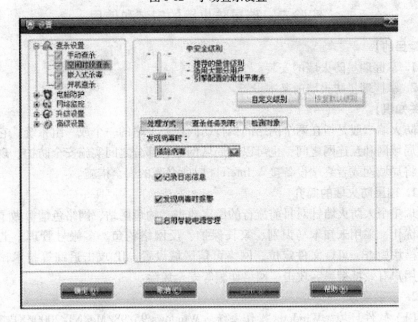

图 6-12　手动查杀设置

图 6-13　空闲时段查杀

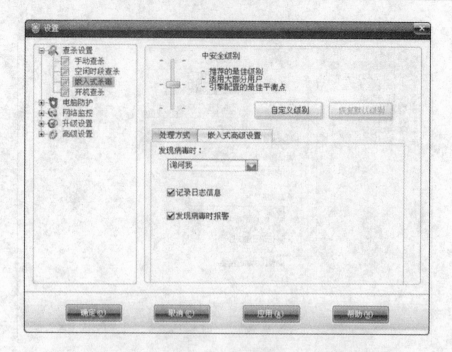

图 6-14　嵌入式查杀设置

实验二　瑞星防火墙的安装和使用

【实验目的】

1. 掌握瑞星防火墙的安装。

2. 掌握瑞星防火墙的基本设置。

【相关知识】

防火墙一般是指在两个网络间执行访问控制策略的一个或一组系统。它既可以在局域网和互连网之间，也可以在局域网的各部分之间实施安全防护，现在已成为将局域网或者终端设备接入 Internet 时所必需的安全措施。

1. 瑞星防火墙的简介

瑞星个人防火墙针对目前流行的黑客攻击、钓鱼网站、网络色情等做了针对性的优化，采用未知木马识别、家长保护、反网络钓鱼、多帐号管理、上网保护、模块检查、可疑文件定位、网络可信区域设置、IP 攻击追踪等技术，可以帮助用户有效抵御黑客攻击、网络诈骗等安全风险。

2. 安装要求

（1）软件环境。Windows 操作系统：Windows 95/98/Me/NT/2000/XP/2003/Vista。

（2）硬件环境。

1）非 Vista 标准。

CPU：PⅢ 500MHz 以上。

内存：64MB 以上，最大支持内存 4GB。

显卡：标准 VGA，24 位真彩色。

其他：光驱、鼠标。

2）Vista 标准。

CPU：1GHz 32 位（x86）。

内存：512MB 系统内存。

显卡：标准 VGA，24 位真彩色。

其他：光驱、鼠标。

【实验内容及步骤】

1. 安装瑞星个人防火墙

购买正版光盘或从官方网站下载安装，如图 6-15 所示，具体的操作方法如下：

图 6-15　瑞星个人防火墙

1）选择所需语言版本，单击"确定"按钮继续，如图 6-16 所示。

2）进入安装欢迎界面，单击"下一步"按钮继续，如图 6-17 所示。

3）阅读"最终用户许可协议"，选择"我接受"单选按钮，单击"下一步"按钮继续安装；如果不接受协议，选择"我不接受"单选按钮退出安装程序，如图 6-18 所示。

4）正确输入产品序列号和 12 位用户 ID，单击"下一步"按钮继续，如图 6-19 所示。

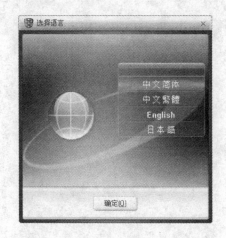

图 6-16　选择语言

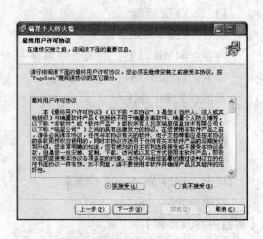

图 6-17　瑞星欢迎界面

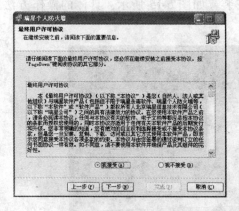

图 6-18　最终用户许可协议

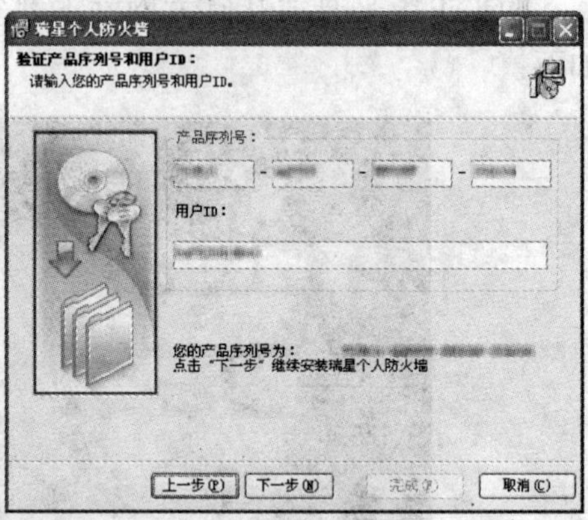

图 6-19　验证产品序列号和用户 ID

5）根据自己的需要，选择安装组件。单击"下一步"按钮继续安装，也可以直接单击"完成"按钮，按照默认方式进行安装，如图 6-20 所示。

6）在"选择目标文件夹"窗口中，指定瑞星软件的安装目录。如果使用默认安装目录，可直接单击"下一步"按钮继续，如图 6-21 所示。

7）可单击"下一步"按钮继续安装，如图 6-22 所示。

8）在"安装信息"窗口中，核对安装信息。并可勾选安装之前执行内存病毒扫描，确保在一个无毒的环境中安装瑞星个人防火墙。确认后单击"下一步"按钮，开始安装瑞星个人防火墙，如图 6-23 所示。

9）在"结束"窗口中，可以选择"启动瑞星个人防火墙"和"运行注册向导"启动相应程序，最后选择"完成"结束安装，如图 6-24 所示。

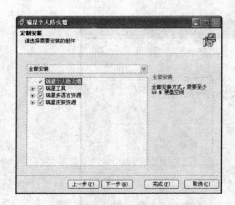
图 6-20　定制安装所需组件

图 6-21　选择目标文件夹

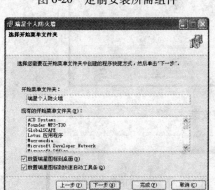
图 6-22　选择开始菜单文件夹

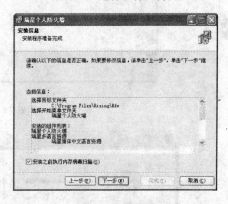
图 6-23　安装信息

2. 防火墙的设置

瑞星个人防火墙提供三种安全级别，从左到右依次为：普通安全级别、中安全级别和高安全级别。

（1）普通安全级别：采用普通安全级别进行保护，使计算机不连入互联网。

（2）中安全级别：采用中级安全级别，使计算机连入局域网，允许网络资源共享，根据需求开放网络端口。

（3）高安全级别：采用高安全级别，使计算机直接连入互联网，关闭网络共享资源和不常用的端口，根据需求开放网络端口。

除此之外，还可通过"设置"菜单中的"详细设置"选项窗口进行其他功能的具体设置，如图 6-24 所示。

3. 软件升级

单击图 6-25 中的"升级"选项卡，根据需要配置防火墙的升级规则，如图6-26 所示。

（1）手动升级。瑞星不检测新版本，用户需要单击防火墙主界面上的"软

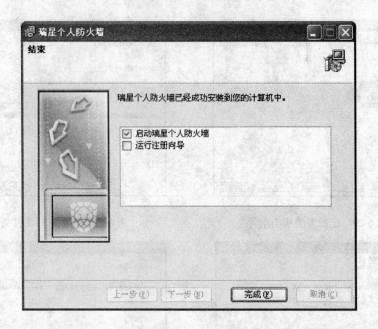

图 6-24　结束安装

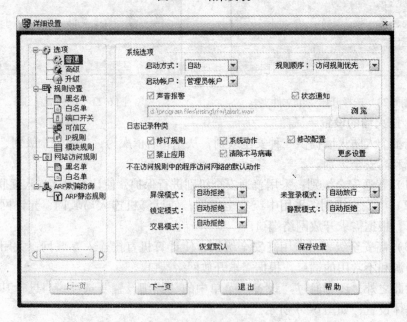

图 6-25　详细设置

件升级"按钮进行升级。

　　(2) 发现新版本时提示我升级。瑞星会自动检测最新版本,并提示用户进行升级。

（3）即时升级。瑞星自动检测新版本并在后台完成更新，无需用户做任何操作。

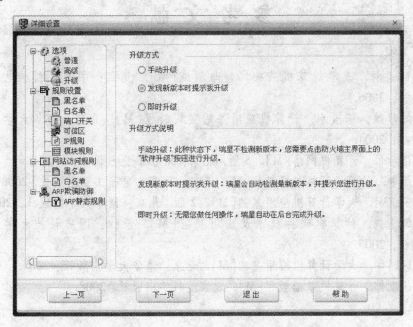

图 6-26　软件升级设置

参 考 文 献

[1] 陈语林. 大学计算机基础实验与测试[M]. 北京：中国水利水电出版社, 2006.

[2] 刘昭斌, 陈玉水. 计算机应用基础实训教程[M]. 北京：清华大学出版社, 2004.

[3] 谢希仁. 计算机网络[M]. 5 版. 北京：电子工业出版社, 2008.

[4] 严争. 计算机网络基础教程[M]. 2 版. 北京：电子工业出版社, 2008.

[5] 王贺明. 大学计算机应用基础[M]. 2 版. 北京：清华大学出版社, 2008.

[6] 邹逢兴. 计算机硬件技术及应用基础[M]. 长沙：国防科技大学出版社, 2005.

[7] 耿国华. 大学计算机应用基础[M]. 北京：清华大学出版社, 2005.

[8] 胡洪都. 计算机基础教程[M]. 北京：科学出版社. 2008.